붓다 이야기

붓다 이야기

고 영 섭

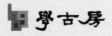

책머리에

석가모니는 '석가'(샤카) 족의 '성인'(무니)입니다. 그는 자기와의 싸움을 통해 영원한 대자유의 길을 연 인류의 스승입니다. 석가모니는 인간으로서 견뎌내기 어려운 생노병사의 고통을 이겨내고 자유로운 삶의 모델인 '붓다의 길'을 열었습니다. 그는 가장 완벽한 깨달음을 얻었기 때문에 붓다라는 이름을 독점하게 되었습니다. 해서 우리는 '붓다'라고 하면 제일 먼저 그를 일컫게 됩니다.

붓다는 삶의 의미와 존재의 본질을 깨닫고 눈을 뜬 분입니다. 때문에 인류의 역사에서 그는 가장 매력적인 인간이자 모든 사람들이 본받고자 하는 역할 모델이 되어 있습니다.

흔히 석가모니 붓다의 가르침은 '해탈'로 표현됩니다. 붓다가 역설하는 해탈은 번뇌로부터 벗어난 '열반'이자 '정각'

혹은 '중도' 또는 '연기' 등으로 불립니다. 또 해탈은 있는 그대로 보는 '지혜'와 더불어 나누는 '자비' 등으로 불리기도 합니다. 붓다의 가르침이 이렇게 다양하게 표현되는 까닭은 중생들이 부딪치고 있는 고통의 상황이 동일하지 않기 때문입니다.

권력과 재력을 버리고 진정한 자유인이 되기 위해 집을 떠난 고타마 싯다르타는 6년간 고행을 했습니다. 하지만 그는 육신을 괴롭히는 고행으로는 생사의 고통을 해결할 수 없음을 깨닫고 보리수 아래로 가서 선정에 들었습니다. 거기서 그는 자기의 고통이 어떻게 생겨나는지, 그리고 그 고통이 어떻게 사라지는지를 사유와 통찰의 반복 과정을 통해 터득했습니다. 그리하여 그는 고통으로부터 자유로워지는 길인 '연기'를 발견했습니다. 연기의 발견은 곧 존재에 대한 집착으로부터 벗어나는 것을 의미했습니다. 그는 존재의 굴레에서 벗어나면서 비로소 자유로워질 수 있었습니다.

이 책은 석가모니 붓다의 가르침인 열반의 이야기이자 해탈의 이야기입니다. 해탈은 '탐냄'과 '성냄'과 '어리석음'으로부터 벗어남을 말합니다. 이 세 가지는 우리의 평정심을 깨뜨리는 '독'이 됩니다. 그리고 이 길은, 상당한 수행 위에서 비로소 체득할 수 있는 것들입니다. 해탈은 탐내지 않고 만족을 알고, 성내지 않고 온화함을 알고, 어리석지 않고 지혜로워지는 길입니다. 열반은 모든 번뇌의 불길이 다 꺼진 상태로, 해탈의 다른 이름입니다. 붓다는 이들 세 가지 독이 되는 마음에 붙들리지 않고 모두를 놓아버린 분입니다. 때문에 그는 영원한 대자유를 얻을 수 있었습니다. 우리 청소년들도 이러한 자유로운 길을 함께 걸어갔으면 합니다.

　귀중한 사진을 사용할 수 있도록 허락해 주신 한국문명교류연구소 정수일 소장님, 선재마을의 유지선 법사님, 교육사령부의 함현준 법사님, 미국에 머물고 있는 불교 미술사학자 김진숙 박사님께 깊은 감사를 드립니다.

2010년 5월 7일
고 영 섭　합장

들머리

 이번 여름방학에 우리 가족은 인도 여행을 떠나기로 했습니다. 우선 아빠는 여행사에 관광 비자신청을 하고 그동안 저축해 두었던 비용을 찾았습니다. 아빠는 여행비가 넉넉하지는 않지만 절약하면 네 식구가 충분히 쓸 수 있겠다고 말씀하셨습니다. 아빠 엄마는 모두 철학을 전공하면서도 인도 여행을 아직 못한 것을 늘 안타까워 하셨습니다. 그래서 이번 여행은 엄마 아빠가 더 마음이 들떠 있는 듯 보였습니다.

 선재와 선우도 처음으로 가족과 함께 떠나는 여행이어선지 무척 설레며 기대에 부풀어 보였습니다. 인도로 가는 비행기 안에서 아빠가 중학생인 선재에게 '인도'하면 제일 먼저 떠오르는 이미지가 무엇이냐고 물었습니다.

"나는 인도하면 카레와 소가 생각나요. 그리고 불교의 교주인 석가모니도 ……."

하지만 초등학생인 선우는 생각이 좀 달랐습니다.

"나는 인도하면 미인들이 생각나요. 인도에는 미인이 많다고 들었거든요. 그리고 거리에 구걸하는 가난한 아이들 ……."

어릴 적부터 미술학원을 다니며 그림에 남다른 관심을 보였던 선우는 인도 여인들이 두르는 사리 색깔이 무척 인상적이었나 봅니다.

아이들은 불교의 교주 석가모니는 세계 4대 성인 가운데 한 사람으로 알고 있었습니다. 그 중에서도 석가모니는 다른 성인들과는 좀 다른 느낌이 든다고 했습니다. 왜냐하면 다른 성인들은 모두 인간의 모습을 갖추고 있는 것 같은데 석가모니는 인간도 아니고 신도 아닌 듯해서 무엇이라고 딱히 정의내리기 어렵다는 것이었습니다.

'인간이 아니지만 신도 아니다?' 참 어려운 얘기입니다. '인간이면 인간이고 신이면 신'이어야지 이것도 아니고 저것도 아니라면 그럼 무엇이란 말입니까? 이것은 '두 극단'

을 떠나라고 말하던 불교철학의 '중도'를 말하는 것인가.

　이것도 아니고 저것도 아니다? 그렇다면 그것은 '이것도 될 수 있고 저것도 될 수 있다'는 것과 통하는 얘기 아닌가 하고 말입니다. 물론 선재와 선우는 아빠와 엄마가 종종 나눠온 얘기를 들은 적이 있어 낯설지 않은 이야기였습니다. 그 사이 비행기는 뉴델리 공항에 착륙했습니다.

　우리 가족의 인도 여행은 '이것도 아니고 저것도 아니다'는 두 극단을 떠나는 불교의 철학을 생각하면서 시작되었습니다. 지금 인도에는 불교가 없는 것처럼 보이지만, 그렇다고 해서 아주 없지는 않은 것처럼 말입니다. 이렇게 말을 바꾸어 보면서 선재와 선우는 인도를 다시 생각해 보게 되었습니다. 그래서 먼저 석가모니 붓다가 제시한 삶의 의미와 존재의 본질을 탐구해 보기로 했습니다. 우리는 택시를 타고 룸비니를 향해 달렸습니다. 오래지 않아 우리는 제일 첫 번째 목적지인 룸비니에 도착했습니다.

목차

자각: 나는 지금 고통스러운가

1. 석가모니는 누구인가

석가모니 붓다는 지금부터 이천 오백 여 년 전 쯤 인도 북부에서 살았습니다. 그는 카필라 왕국을 다스리는 정반왕과 마야 왕비의 아들로 태어났습니다. 그의 이름은 '모든 것을 다 이룬다'는 뜻인 '싯다르타'로 붙여졌습니다. 하지만 태어난 지 일주일 만에 어머니는 세상을 떠나고 말았습니다. 싯다르타는 어릴 때부터 총명하고 생각이 깊었습니다. 열 살이 되는 어느 날 싯다르타는 왕궁 밖으로 첫 나들이를 나가게 되었습니다.

거기에서 그는 쟁깃날에 잘려 생명을 잃어가는 지렁이를 잽싸게 날아와 물고 가는 참새와 그 참새를 낚아채어가는 날쌘 매를 보았습니다. 싯다르타는 그 광경을 목격하며

〈샤르나트〉 샤르나트박물관 초전법륜상

세계 3대 미불 중 하나인 샤르나트의 초전법륜상은 붓다의 최초 설법을 표현한다. 말없이 바라만 보아도 마음이 고요하고 평화로워진다. 샤르나트 고고학박물관. 5세기 굽타시대

〈나란다〉 현장스님 기념관
7세기 나란다대학에서 유학을 했던 중국의 현장스님을 기념해 중국에서 세운 기념관이다.
그 앞에는 구도의 길을 떠나는 현장스님상이 있다.

충격에 휩싸였습니다. 그래서 그는 서로 잡아먹고 먹히는
존재의 고통을 벗어나기 위해서 자신이 무엇을 해야 하는
가에 대해 고민을 하게 되었습니다. 결국 그는 상속이 가
능한 권력과 재력을 버리고 내면의 평정에서 우러나오는
커다란 지혜를 얻기 위해 출가를 했습니다.

싯다르타는 육년 고행 기간 동안 '알라라 칼라마'와 '웃
다카 라마풋타'라는 요가 수행자(요기)들의 가르침을 받아
선정의 기쁨을 얻었습니다. 하지만 갖은 고행을 이겨내고

최고의 선정에 들었음에도 불구하고 일상으로 돌아오면 고통이 여전히 남아있었습니다. 그래서 그는 그곳을 떠나 보리수를 찾아가 앉았습니다. 그곳에서 싯다르타는 이십 일일 동안 선정에 들었습니다.

싯다르타는 자기 내면을 깊이 들여다보면서 자신의 '고통이 생겨나는 과정'과 '고통이 소멸하는 과정'을 반복적으로 통찰하였습니다. 그는 자신의 무지와 욕망으로부터 행하게 된 것이 악업이었으며, 그 악업이 고통의 원인이었음

<나란다> 유적지

5세기 경에 세워진 세계 최초이며 최대의 불교 대학이 있던 나란다에는 현재 수많은 승원 및 사원 유적지가 널려있다. 이 곳에서 불교학이 꽃을 피워 티벳은 물론 중국, 한국, 일본에 까지 커다란 영향을 주었다.

을 온전히 자각했습니다. 동시에 바로 그 무지와 욕망을 없앰으로써 온갖 고통이 사라지는 것임을 알게 되었습니다. 그리하여, 마침내 싯다르타는 고통의 수레바퀴에서 벗어나 붓다가 될 수 있었습니다. 그의 나이 서른다섯 살 때였습니다.

붓다는 존재의 본질과 삶의 의미에 '눈을 뜬' 분입니다. '눈을 떴다'는 것은 존재가 연기(緣起)에 의해 이루어졌음을 아는 것입니다. 때문에 존재의 본질과 삶의 의미에 대해 눈을 뜬 분을 우리는 붓다라고 부릅니다. 단순히 육안(肉眼)만 뜬 것이 아니라 천안(天眼)과 혜안(慧眼)과 법안(法眼)과 불안(佛眼)까지 뜬 것을 의미합니다. 육안이 우리의 눈이라면, 천안은 하늘 사람들의 눈을 말합니다. 혜안은

지혜의 눈, 법안은 진리의 눈을 말하며, 불안은 붓다의 눈을 말합니다. 따라서 눈을 떴다는 것은 붓다의 눈까지 모두 얻은 것을 말합니다.

석가모니는 이제 눈에 보이지 않는 진리를 각성한 붓다로서 이와 같이 오신 분[如來]·바르게 다 아는 분[正邊知]·세가지 신통(명)과 세 가지 행업(행)을 원만히 갖춘 분[明行足]·잘 가신 분[善逝]·세간의 이치를 다 아는 분[世間解] 등 열 가지의 이름으로 불리게 되었습니다. 여래란 '진리를 말하는 사람'이라는 뜻입니다. '이와 같이 오신 분'이며 '이와 같이 가신 분'이도 합니다. 깨달음을 얻은 이후 붓다는 자신의 전생을 온전히 알 수 있었습니다.

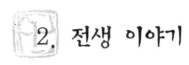
2. 전생 이야기

불교에서는 과거와 현재와 미래를 연속적으로 바라봅니다. '오늘의 나'는 '어제의 나'의 결과 이며 동시에 '내일의 나'를 만드는 원인이기도 합니다. 때 문에 현생의 삶은 전생의 삶뿐만 아니라 내생의 삶과 긴밀 하게 이어지고 있습니다. 마찬가지로 현생의 석가모니의 삶은 전생인 '선혜*' 수행자의 삶의 결과이자 내생에 부처 가 될 '미륵보살**'의 삶으로 이어지게 됩니다. 그렇다고 해 서 과거에 이미 결정되어 있던 것이 현생에 그대로 복제되 는 것은 아닙니다. 오히려 미래의 삶은 자신의 자유의지에 의해 얼마든지 변화시킬 수 있는 것입니다.

---

* 선혜(善慧) : 석가모니 부처의 전생인 수행자 시절의 이름.

** 미륵보살 : 미래 세상에 나온다는 미륵부처의 수행자 시절 이름.

〈나란다〉근본향전과 탑

〈라지기르〉 죽림정사의 카란다 목욕지

불교 최초의 절 죽림정사는 그 빈터만이 남아 있다. 비하르(승원)가 있는 곳엔 항상 목욕지
가 있다. 아마 붓다도 이 곳에서 목욕을 하였을 것이다.

아득한 옛날 어느 왕의 아들인 보광태자가 출가하여 도
를 깨우쳐 연등 붓다가 되었습니다. 그때 '선혜'(유동)라는
수행자가 있었습니다. 그는 날이면 날마다 깊은 산 속에서
열심히 수행을 하였습니다. 선혜는 붓다가 출현하셨다는
소식을 전해 들었습니다. 그는 붓다를 만나고 싶은 생각에
사슴 가죽 옷을 입고 산에서 내려왔습니다. 도중에 오백여
명의 수행자들을 만났습니다. 그들은 밤낮없이 선혜가 닦
은 도에 대해 듣고자 했습니다. 모두들 선혜의 가르침을
듣고는 각기 은전 한 닢씩을 내어 오백 닢을 그에게 주었

습니다.

때마침 왕녀 고피가 일곱 송이 연꽃을 꽂은 물병을 끼고 지나가고 있었습니다. 선혜는 그녀에게 다가가 연등 붓다에게 바치려고 하니 은전 백 닢에 그 꽃을 팔라고 했습니다. 고피 역시 목욕재계하고 이곳에 오시는 붓다를 위해 바치려는 꽃이기에 팔 수 없다고 거절했습니다. 선혜는 다시 2백 닢, 3백 닢으로 값을 올리며 흥정했으나 살 수가 없었습니다. 마침내 선혜는 5백 닢을 다 주며 연꽃을 팔라

〈라즈기르〉 칠엽굴
붓다가 열반에 드신 지 6개월 만에 500명의 스님들이 이 곳에 모여 최초의 경전 결집이 이루어졌다.

붓다의 전생담

불교에서는 과거와 현재 그리고 미래를 연속적으로 본다. 붓다의 삶 또한 그렇다.
'자타카'라고도 불리는 전생담은 붓다의 탄생이 우연이 아닌 인과에 의한 필연이었음을
이야기 한다. 기원전 250년경. 산치대탑

고 했습니다. 그러자 선혜의 진심을 안 고피는 선혜에게 자기의 남편이 되어달라는 조건을 붙였습니다. 난처한 상황에 직면한 선혜는 다음 생에 아내로 맞이한다는 약속을 하고 연꽃 일곱 송이를 살 수 있었습니다. 선혜는 그 증거로 연꽃 두 송이를 빼서 고피에게 돌려주었습니다.

두 사람은 나란히 연등 붓다를 찾아갔습니다. 국왕을 비롯하여 많은 사람들이 들고 있던 꽃을 붓다를 향해 바치면서 합장했습니다. 그 순간 사람들이 바친 꽃들은 모두 땅바닥에 떨어졌습니다. 하지만 선혜와 고피가 바친 꽃만은 공중에 뜬 채 붓다 머리 주위를 장식했습니다. 이것을 본 연등 붓다는 선혜에게 다가와 말했습니다.

"그대는 과거 여러 생애를 두고 수행을 쌓았고 몸과 목숨을 바쳐 남을 위해 애를 썼으며 욕망을 버리고 자비로운 행을 닦아왔으므로 지금부터 91겁이 지나면 붓다가 되어 석가모니로 불려질 것이다."

연등 붓다가 천천히 걸음을 뗄 무렵 진흙탕이 나타났습니다. 선혜는 '붓다께서 진흙탕을 밟고 지나가게 할 수는 없다'고 생각하고 얼른 자신이 입고 있던 사슴 가죽 옷을 벗어서 진흙 위에 깔았습니다. 그것이 모자라자 자신의 긴

머리카락을 풀어 나머지 진흙 위에 덮었습니다.

"귀하신 붓다의 발을 더럽히지 마시고 이것을 밟고 지나가십시오."

연등 붓다는 잠시 발길을 멈추고 선혜를 바라보았습니다.

연등 붓다에게서 수기*를 받은 선혜는 다음 생에 석가모니 붓다가 되어 세상에 나타나게 됩니다. 이와 같은 선혜의 전생 이야기는 여러 경전에 나타나 있습니다. 석가모니 붓다의 전생은 진리를 구하기 위해 자신의 목숨을 아끼지 않는 구도자의 모습으로 나타납니다. 이처럼 여러 경전에는 진리를 구하기 위해 목숨을 아끼지 않는 구도자의 지혜와 여러 사람들을 위해 자신의 목숨을 던지는 구도자의 자비 이야기로 가득 차 있습니다.

29

* 수기 : 미래에 반드시 부처가 되리라는 기약.

3. 탄생 이야기

지금부터 약 2500여 년 전의 먼 옛날입니다. 인도 북부 히말라야 산 기슭의 작은 왕국 카필라에 경사가 났습니다. 석가족은 오랜 염원으로 자신들의 미래를 이끌어줄 인물을 기다려 왔습니다. 그즈음 도솔천이라는 하늘에 머무르던 수행자 선혜는 숫도다나 왕을 아버지로 하고 마야부인을 어머니로 하여 태어나고자 했습니다. 어느 날 마야부인은 낮잠에 들었습니다. 그런데 꿈속의 어느 한 순간이었습니다. 여섯 개의 커다란 상아를 가진 흰 코끼리가 눈부신 빛살을 타고 왕비에게 다가와 몸속으로 들어오는 것이었습니다. 왕비는 지금까지 느껴보지 못하던 평온함과 행복감을 느꼈습니다.

순간 꿈에서 깨어난 왕비는 숫도다나 왕에게로 달려갔습니다. 오랫동안 왕자를 기다려왔던 왕은 놀라며 주위의 선인들에게 왕비의 꿈에 대해 물어보았습니다. 모두들 기쁜 표정으로 꿈에 대해 얘기를 했습니다.

"왕이시여! 이것은 매우 좋은 꿈입니다. 왕비께서는 곧 왕자님을 낳으실 것입니다. 그 왕자님은 커서 훌륭한 분이 되실 것입니다. 우리나라에 왕자가 태어나게 되면 우리 석가족도 크게 일어날 것입니다."

"그렇게만 된다면 얼마나 좋겠소. 나는 더 이상 바랄 것

〈쿠시나가르〉 안개속의 사라수나무

붓다 이야기

붓다 탄생상

룸비니에서 마야왕비가 무우수 가지를 잡고 아기를 낳는 모습과 태어나 사방으로 일곱 걸음을 걸으며 탄생게를 외치는 어린 붓다의 모습이다. 아이를 받는 인물은 하늘의 신 제석천과 범천이다.

이 없소. 그 아이가 내 자리를 이어가게 된다면 우리 석가
족은 코살라국의 영향권에서 벗어날 수 있을 것이오."

오랫동안 코살라국의 영향권 아래서 부자유하게 살아왔
던 카필라국 백성들은 언제라도 석가족의 자존을 지키고
싶어 했었습니다.

이윽고 마야 왕비의 아랫배가 불러왔습니다. 숫도다나
왕은 당시의 풍습대로 왕비를 친정으로 떠나보내기로 했습
니다. 왕비의 시종들과 호송관들이 가마를 뒤따랐습니다.
룸비니 동산을 지날 때였습니다. 몸이 무거웠던 왕비는 뱃
속의 아이가 막 나올 조짐이 느껴지자 왕비와 시녀들은 숲
속으로 들어가 아이를 낳을 곳을 찾았습니다. 마땅한 자리
를 찾은 시녀들은 간단한 휘장을 치고 아기를 낳을 산실을
마련했습니다. 그러자 세상의 모든 생명체들이 숨을 죽이
며 아이의 탄생을 기다렸습니다. 나무 가지들도 허리를 굽
혀 주변의 기운을 모아주었습니다. 왕비는 굽혀진 나뭇가
지를 두 손으로 잡고 몸을 가누며 아이를 낳았습니다.

아이의 표정은 평화롭고 아름다웠습니다. 하늘에는 무
지개가 떴고 빛이 비쳤습니다. 그 때 아이는 조그마한 입
술을 벌리고 또렷한 목소리로 외쳤습니다.

붓다의 성불을 방해하는 마왕의 딸들과 군사 / 아잔타 제 26석굴

하늘 위에서나 하늘 아래에서나
오직 나만이 홀로 존귀하구나
온 세상이 고통으로 가득하니
내가 그들을 편안케 하리라.

그리고 나서 사방을 일곱 걸음씩 걸었습니다. 걸음마다
그의 발끝에서는 연꽃이 피어났습니다. 시녀들은 깜짝 놀
랐습니다. 왕비는 룸비니 동산에서 아이를 낳았기 때문에
친정까지 갈 필요가 없어졌습니다. 가마는 카필라 성으로
옮겨졌고 왕자를 낳았다는 소식은 이미 숫도다나 왕에게

전해졌습니다. 왕은 아이의 앞날이 궁금해서 견딜 수가 없었습니다.

　때마침 히말라야 산에서 수행을 하고 있던 아시타 선인이 아무런 기별도 없이 왕궁에 들렀습니다. 그는 아이를 가만히 살펴보고는 기쁜 표정을 짓더니 이내 눈물을 주르르 흘렸습니다.

　숫도다나 왕은 아시타 선인의 눈물을 보며 깜짝 놀라 물었습니다.

왕자 시절의 카필라성의 궁중생활 / 아잔타

"무슨 일이오? 아이에게 무슨 좋지 않은 일이라도 있을 것 같소?"

"황공하옵니다. 왕이시여! 이 왕자님께서 세간에 남아 계신다면 모든 백성들이 우러러 보는 훌륭한 대왕이 되실 것입니다. 하지만 세간을 떠나 출세간에 사신다면 세상의 모든 사람들에게 우러름을 받는 위대한 붓다가 되실 것입니다. 저는 그때까지 살아있지 못할 것이 분명하기에 슬퍼서 눈물을 흘린 것입니다." 훗날 아시타 선인의 예언은 적중했습니다.

〈룸비니〉룸비니 동산의 싯다르타 연못

2천 5백년 전 싯다르타는 이 곳에서 태어났다. 이 연못은 싯다르타와
마야왕비가 목욕을 한 곳이라 전한다.

4. 고통이란 무엇인가

고통이란 존재에 대한 불안정과 현실에 대한 불만족을 의미합니다. 불안정이란 미래에 대한 공포와 죽음 및 소외와 고독 등과 같이 예측하지 못하거나 안정되지 못한 삶의 모습을 말합니다.

붓다는 이러한 세상의 모든 고통을 평안케 하리라고 원을 세운 분입니다.

어느날 선재가 아빠에게 물었습니다.

"불교에서 말하는 고통이란 무엇인가요?"

"이를테면 선재가 좋은 성적을 받고 싶은데 생각처럼 이루어지지 않는 경우가 있지 않니?"

"예. 있어요."

"그래. 그것처럼 자신이 이루고 싶은 욕망이 뜻대로 되

〈둥계스와리〉 전정각산 유영굴 고행상

붓다가 깨달음을 얻기 전 오르셨다는 전정각산에는 붓다가 수행을 했다고 전해지는 동굴이 있다. 이 굴안에는 붓다의 고행상이 모셔져 있다.

〈부다가야〉수자타의 우유죽 공양

수자타가 붓다에게 우유죽 공양을 올린 장소로 전해지는 사원 안에는 그 때의 모습을 짐작
케하는 형상이 있다.

지 않을 때 괴롭지 않겠니? 마찬가지로 미래에 내가 무엇
을 해야 할 지 확실히 알 수 없으면 불안하지 않겠니?"

"예. 아빠, 그러니까 가지고 싶은 것을 다 가지지 못하
거나 미래에 대해 아무 것도 알 수 없는 것처럼, 현실에
대한 불만족과 미래에 대한 불안정이 고통이군요. 이런 고
통 외에 또 다른 고통도 있나요?" 선재가 다시 물었습니다.

"응. 붓다는 고통을 크게 여덟 가지로 말씀하셨단다"

"어떤 것 들이예요?"

"응. 근본적인 고통에는 태어나는 고통, 늙어가는 고통,

병들어가는 고통, 죽어가는 고통의 네 가지가 있지."

"그런데 왜 늙어가는, 병들어가는, 죽어가는 고통이라고 하는 건가요?"

"음. 선재가 아주 잘 보았구나. 그건 우리 삶이 정지되어 있는 것이 아니라 진행형이기 때문이지."

"그렇다면 나머지 네 가지 고통은 무엇인가요?"

"첫째는 사랑하는 사람과 헤어져야 되는 고통, 둘째는 아무리 구하려고 해도 얻을 수 없는 고통, 셋째는 미워하

〈부다가야〉 수자타 마을
붓다에게 우유죽 공양을 한 수자타가 살았던 마을이라 전한다.

〈바라나시〉갠지스강
힌두교도들이 가장 성스러운 강이라 믿는 이 강물은 정화의 힘이 뛰어나 언제나 목욕을 하는 순례객이 끊이질 않는다.

는 사람과 다시 만나야 하는 고통이며, 넷째는 존재하는 것 자체가 이미 번뇌의 불길이 활활 타오르는 것과 같다는 고통이란다."

"네. 고통을 이해하기가 쉽지는 않은데요. 고통을 좀 더 간단하게 설명해주실 수는 없나요?"

"응, 또 어떤 경우에는 네 가지 근본적인 고통에 다른 네 가지 고통을 덧붙여 말하기도 한단다. 근본적인 네 가지 고통에다 다시 걱정[憂], 슬픔[悲], 정신적인 스트레스

[惱苦], 순전하고 커다란 고통의 덩어리[純大苦聚集]를 더하여 말하는 것이지."

"그런데 앞의 세 가지는 알 수 있겠지만 마지막의 '순전하고 커다란 고통의 덩어리'라는 것은 이해가 잘 안되네요."

"응. 그것은 앞의 일곱 가지로 묶여지지 않는 나머지 모든 고통을 말하는 것이야. 혹은 이것을 앞의 일곱 가지 고통을 총괄해서 부르는 것으로 볼 수도 있지."

"네, 이제 조금 알 것 같아요. 그렇게 본다면 우리 생활

〈엘로라〉 10번 석굴 사원의 탑과 붓다상

속에서 정말 고통 아닌 것이 없겠는걸요."

"그래. 고타마 싯다르타는 '생노병사'로부터 비롯되어 우리의 삶을 이루고 있는 모든 고통으로부터 벗어나기 위해서 출가를 하였단다. 그래서 그는 고통으로부터 벗어나는 길을 찾아 모든 사람들로 하여금 고통을 벗어날 수 있게 하려고 했지."

"그것이 가능한가요?"

붓
다
·
이
야
기

〈나란다〉유적지

5세기 경에 세워진 세계 최초, 최대 불교 대학이 있던 나란다에는 현재 수많은 승원및 사원 유적지가 널려있다. 이 곳에서 불교학이 꽃을 피워 티벳은 물론 중국, 한국, 일본에 까지 커다란 영향을 주었다.

"그럼. 가능하지. 고타마 싯다르타가 붓다로 탈바꿈한 것 자체가 고통을 벗어나 해탈에 이른 것을 의미하거든. 붓다가 가르친 핵심이 바로 '해탈의 길'이니까 말이야. 고통이 끝나는 지점에서 해탈이 시작되기 때문이지."

선재는 인도 여행을 오면서 미리 준비를 한 탓인지 진지하게 묻고 생각하는 듯 했습니다.

진단: 내 고통은
어떻게 생겨난 것인가

1. 고통의 원인이란 무엇인가

붓다 이야기

우리가 느끼는 고통은 현실에 대한 불만족과 존재에 대한 불안정에서 비롯됩니다. 그렇다면 고통의 원인은 무엇일까요? 이 질문에는 이미 해답이 담겨 있습니다. 불만족은 더 소유하려고 하기 때문에 생깁니다. 불안정은 더 평안해지려고 하기 때문에 생겨납니다. 우리는 살아가면서 가지고 싶은 것을 다 가질 수 없습니다. 그러니까 더 가질 수 없는 것을 가지려 할 때 불만족이 생기고, 더 평안해질 수 없는데 편해지려고 할 때 불안정이 생겨납니다. 이 때 선우가 궁금증을 참지 못하고 물었습니다.

"아빠. 그렇다면 고통은 왜 생겨나는지 좀 더 구체적으

〈부다가야〉대탑의 보리수
붓다가 이 나무 아래에서 깨달음을 이루었다.

〈부다가야〉 대탑의 보리수
본래 핍팔라 나무라 불리던 이 나무는 붓다의 성불 이후 '깨달음의 나무'라는 뜻의 '보리수'로
불리게 되었다.

로 설명해 주세요.”

“그래. 고통이 생겨나는 원인은 우리의 행위 때문이란
다. 행위란 몸과 말과 생각으로 일으키는 의도적인 행동들
을 말한단다. 살아있는 것을 죽이고, 주지 않는 것을 훔치
며, 바르지 않은 성행위를 하는 것은 모두 몸으로 행하는
것이란다.”

“그러면 말로 행하는 것은 무엇인가요?”

“응. 말로 행하는 것에는 네 가지가 있단다. 거짓말과
이간질 그리고 욕지거리와 허황된 말이란다.”

“그러면 생각으로 행하는 것은 무엇인가요?”

“생각 또는 마음으로 행하는 것에는 탐내는 마음과 성
내는 마음과 어리석은 마음이지. 티베트 만다라에서는 탐
내는 동물로 돼지를, 성내는 동물로 뱀을, 어리석은 동물로
닭을 형상화시키고 있단다. 이들 동물의 이미지를 빌어서
그림으로 나타낸 것이지.”

“그것 참 재미있네요. 닭의 기억력이 3초 밖에 되지 않
는다고 들었는데 정말로 어리석은 동물로 분류되었네요.”

“그런 셈이지.”

“이렇게 되면 모두 열 가지 행위가 되네요. 몸으로 행하

는 것 세 가지와 말로 행하는 것 네 가지 그리고 생각으로
행하는 것 세 가지를 합하면요."

"그래. 모두 열 가지가 된단다. 이들 열 가지는 나쁜 행
위들이지. 이러한 나쁜 행위들을 하지 않고 좋은 의도로
행하게 되면 고통이 사라질 수 있는 것이지. 우리가 느끼
는 고통은 이들 나쁜 열 가지 행위들로부터 생겨난 것이란
다." 아빠는 계속해서 설명했습니다.

"또 눈으로 보고, 귀로 듣고, 코로 냄새 맡고, 혀로 맛보
고, 몸으로 부딪치고, 생각으로 비감각적 대상과 만나면서
나의 행위라는 양팔 저울이 '선'과 '불선'(악)의 어느 쪽으로
기우느냐가 문제가 된단다. 다시 말하면 우리의 삶이 '선'보다
는 '악' 쪽으로 기울었기에 고통이 생겨난 것이란다."

아빠는 좀 더 자세히 설명해 주시려고 애쓰셨습니다.

"하지만 붓다가 말하는 의도는 나쁜 쪽으로 '무엇을 하
지 말라'는 '금지의 지침'이 아니라 좋은 쪽으로 '무엇을 하
라'는 '권장의 지침(권계)'에 맞추어져 있단다. 이를테면 몸
으로는 '살아있는 것들을 죽이지 말고 굴레에 갇힌 것들을
놓아주라'는 방생, '주지 않는 것을 훔치지 말고 내가 가진
것을 나누어 주는' 보시, '배우자가 아닌 이와는 성행위를
하지 않아서 몸가짐을 맑고 깨끗하게 하는' 등의 책임 있

〈부다가야〉 붓다가 성불한 자리 금강보좌

붓다가 깨달음을 얻은 보리수 아래에는 붓다가 성불을 한 자리인 금강보좌가 있다.

는 생활을 하는 것이란다. 말로는 '거짓말을 하지 말고 진실한 말을 해야 하고', '이간질을 하지 말고 한결같은 말을 해야 하고', '욕지거리를 하지 말고 고운 말을 써야 하고', '허황된 말을 하지 말고 진솔한 말을 해야 하는' 것이란다. 생각으로는 '탐내지 말고 만족을 알고', '성내지 말고 온화해야 하며', '어리석지 말고 지혜로워야 한다'. 이렇게 열 가지 행위를 좋은 쪽으로 하면 고통이 사라질 수 있는 것이란다."

아빠는 계속 설명을 했습니다.

"싯다르타가 출가한 이유는 '어떻게 해야 생노병사의 고통이 반복되는 윤회로부터 벗어날 수 있을까'라는 물음 때문이었단다. 평소 싯다르타가 가지고 있던 이러한 의문에 대하여 아버지 정반왕조차도 답을 줄 수는 없었단다."

"아빠. 저도 싯다르타가 왜 출가하려고 했는지를 조금은 알 것 같아요."

〈쉬라바스티〉기원정사의 아난다 보리수
붓다의 제자 아난다가 부다가야에서 보리수 묘목을 옮겨 심었다고 해서 아난다
보리수라 불린다.

2. 네 성 문을 돌아보다

나이가 들면서 왕자는 점점 더 말이 없어졌습니다. 그리고 자주 깊은 생각에 빠져 있곤 하였습니다. 그럴수록 정반왕은 걱정이 늘어났습니다. 그렇게 오랫동안 기다려왔던 왕자가 자신을 이어 왕위에 오르려 하지 않고 아시타 선인의 예언처럼 되어버리지는 않을까 염려되기도 하였습니다. 지금까지는 아름다움과 즐거움만을 느끼도록 궁성을 장식했었습니다. 하지만 이것만으로는 안 되겠다고 생각한 왕은 특단의 조처를 찾고자 했습니다. 그때 신하 한 사람이 이렇게 말을 했습니다.

"왕자님이 여기와 다른 세상을 꿈꾸는 것은 이 세상의 즐거움을 모르기 때문입니다. 이제 왕자님의 나이도 적지 않으니 아름다운 아내를 맞이하게 되면 달라질 것입니다.

〈부다가야〉 마하보디 대탑을 순례하는 불자
붓다의 성도성지인 부다가야는 불교 성지 중 가장 많은 불자들이 참배하는 곳이다.

〈샤르나트〉 다메크 탑을 향해 기도하는 티베트 스님들

뿐만 아니라 어여쁜 아이까지 가지게 되면 지금과 같은 생각을 하지 않을 것입니다. 그때가 되면 지금처럼 다른 세상을 꿈꾸지 않고 현실을 정확히 보게 될 것입니다.”

“그것 참 좋은 생각이오.” 정반왕은 무릎을 치며 기뻐했습니다.

왕은 곧 왕자의 배필을 찾기 위해 이웃 나라를 수소문했습니다. 신하들은 이웃 나라의 야쇼다라 공주가 왕자의 배필로 적합하다고 말했습니다. 하지만 야쇼다라 공주에게 마음을 둔 여러 명의 경쟁자가 있었습니다. 해서 공주의 부왕은 날을 정하여 자신이 정한 게임에서 승리하는 젊은 이에게 딸을 주겠다고 했습니다. 많은 젊은이들이 싯다르타와 활쏘기와 무술시합 그리고 말타기 등을 하며 경쟁했습니다.

그런데 놀라운 일이 일어났습니다. 늘 고요한 곳에서 사색만 한 줄 알았던 싯다르타는 경쟁자들을 모두 이기고 최종 승리자가 되었습니다. 두 나라의 왕은 좋은 날을 택하여 싯다르타와 야쇼다라의 혼례식을 거행했습니다. 왕은 이제 싯다르타가 다른 세상에 대하여 꿈꾸지 않을 것이라 기대했습니다. 그래서 여름철인 우기와 겨울철에 머물 궁전을 지어 그곳에 머물도록 했습니다. 왕은 눈에 보기 좋고 귀에 듣기 좋은 것들로만 왕궁을 장식하게 했습니다. 늘 아름다운 시녀들과 건강한 젊은이들이 시중을 들게 했습니다. 야쇼다라와의 혼례 이후 왕자는 더 없이 행복한 듯이 보였습니다.

왕자의 마음을 뒤흔들 것은 아무 것도 없었지만 싯다르타는 늘 가슴이 허전하였습니다. 일찍이 어머니의 죽음을 경험한 탓이기도 했습니다. 무엇인가가 부족하여 답답하였습니다. 어릴 적부터 가졌던 생노병사의 고민을 한시도 놓아버릴 수가 없었습니다. 혼례 이후에도 얼굴이 밝지 않은 싯다르타를 보자 왕은 특단의 조처를 내리기로 했습니다. 아직 한 번도 보지 못한 왕성 바깥을 돌아보도록 허락했습니다. 왕은 왕성 수비대장에게 좋지 않은 것들을 다 보이지 않게 한 뒤에 싯다르타의 성 밖 외출을 허락했습니다.

싯다르타는 처음으로 성 밖을 나가면서 기대에 가득 찼습니다. 동쪽의 성문이 열렸습니다. 성문 밖의 거리는 깨끗이 정돈되어 있었습니다. 봄바람이 불어오면서 거리의 나무들도 막 물이 오르며 새싹을 쏟아내고 있었습니다. '참 좋은 봄날이구나'라는 생각을 하는 순간이었습니다. 이미 준비된 환영 관중들이 성문 밖 양편 길 가에서 꽃을 뿌리며 환호했습니다.

"싯다르타! '싯다르타! 싯다르타! 싯다르타! 우리의 왕자! 우리의 자랑! 우리의 미래! 우리의 희망!" 젊은 청년들은 건장한 싯다르타의 모습에 경탄했습니다.

"미끈한 코, 훤칠한 키, 큰 귀와 넓은 어깨, 아! 저렇게 멋진 왕자님께서는 훌륭한 왕이 되실 후계자 수업을 받고

계시겠지?" 젊은 아가씨들은 싯다르타에게 반해 외쳤습니다. 한동안 싯다르타는 군중들의 환호에 취했습니다. 그에게로 뿌려진 꽃을 받아서 입가에 댄 채로 다시 뿌렸습니다. 군중들의 환호는 점점 더 해 갔습니다. 그런데 싯다르타는 환호하는 군중 사이로 허리를 숙이고 지팡이를 짚고 급히 골목으로 사라지는 한 노인을 보았습니다. 그 때 싯다르타는 마부 찬나에게 물었습니다.

"찬나! 저기 막대기를 짚고 가는 사람은 무엇이냐? 왜

〈샤르나트〉 다메크 탑
붓다가 처음 법을 설한 것을 기념해 세운 탑이다. 샤르나트(녹야원)의 상징이기도 한 이 탑은 굽타 시대에 세워진 43m 높이의 거대한 원형탑이다.

〈부다가야〉 마하보디 대탑 법당에 모셔진 붓다

저 이는 노래도 부르지 않고 춤도 추지 않느냐? 그리고 얼굴도 다른 사람들과 달리 윤기가 없고 쭈글쭈글한 것이냐?"

갑작스런 질문에 당황한 찬나는 대답을 하지 않을 수 없었습니다.

"예. 왕자님! 저 이는 노인입니다. 노인이란 나이가 들어 늙은 사람을 말합니다. 그도 태어나서는 엄마 젖을 먹었고 윤기 있는 얼굴을 가졌습니다. 하지만 세월이 점차 흐르면서 기력이 떨어지고 뼈가 약해지면서 몸이 굽었습니다. 얼굴 위의 탄력도 사라지고 이가 빠지면서 저렇게 되고 말았습니다."

"아니, 그러면 나도 그렇게 된다는 말이냐? 부왕도, 야쇼다라도, 라훌라도 말이냐?"

"예. 왕자님! 누구나 태어나면 그렇게 됩니다."

일찍이 생각해 보지 않은 얘기를 듣자 충격에 가득 찬 왕자는 급히 왕궁으로 돌아가자고 재촉했습니다.

왕궁으로 돌아온 왕자는 매우 우울했습니다. 아무도 만나고 싶지 않았습니다. 맛있는 음식도 제대로 먹을 수가 없었습니다. 정반왕은 다른 춤과 노래와 악기로 왕자의 기분을 바꾸어 주려 했습니다. 하지만 왕자는 사람이 왜 늙어가는 지에 대해서만 생각했습니다. 이렇게 되자 왕은 다시 왕궁 밖으로 두 번째 나들이를 허락했습니다. 이번에는 남쪽 성문으로 나아갔습니다.

거리는 동쪽 성문보다 더 깨끗이 치워져 있었습니다. 사람들은 왕자의 나들이를 다시 볼 수 있게 되어 기뻐했습니다. 그런데 군중들 속에는 병든 이가 섞여 있었습니다. 그는 심한 기침으로 콜록거리며 고통스러워했습니다. 왕자의 눈이 병든 이에게 멈췄습니다.

"찬나! 저 이는 누구냐?"

"예, 왕자님! 저 이는 병든 사람입니다."

"어째서 병이 들었느냐?"

"여러 가지 까닭이 있습니다. 먹을 것을 못 먹어도 병이 나고, 추운 곳에 너무 오래 있거나, 음식을 잘못 먹었거나, 몸의 균형이 깨어지면 병이 납니다."

"그러면 누구라도 병이 생길 수 있는 것이냐?"

"예, 왕자님! 몸의 균형이 깨어지면 건강하던 사람도 모두 병에 걸립니다."

"저 사람들 역시 언젠가는 병이 걸릴 터인데도 기뻐할 수 있다니 알 수 없구나. 오늘은 충분히 보았으니 마차를 돌려라. 어서 왕궁으로 가자."

왕궁으로 돌아온 왕자는 더욱 더 우울해지며 슬픔에 잠겼습니다. 왕은 어떻게 하면 왕자가 기쁨을 되찾을 수 있을까 고민했습니다.

왕자가 더욱 침울해지자 왕은 왕자의 기분을 전환시켜 주기 위해 세 번째 나들이를 허용했습니다. 이번에는 서쪽 성문으로 나아갔습니다.

때마침 한 무리의 사람들이 긴 들 것 위에 흰 천으로

덮은 사람을 눕혀 짊어진 채 슬피 울며 지나가고 있었습니다. 왕자는 놀라며 찬나에게 물었습니다.

"찬나! 저 들 것 위에 누워있는 사람은 누구냐? 또 저 사람들은 누구냐? 그리고 저렇게 슬피우는 이들은 누구이며, 저들은 왜 울고 있느냐?

"왕자님! 들 것 위에 누워 있는 사람은 죽은 이입니다. 그의 식구들은 그를 데려가 강가에서 태우려고 하는 것입니다."

"죽었다는 것이 무엇이냐? 또 사람을 태운다는 것은 무

〈바라나시〉 갠지즈 강가

엇을 말하는 것이냐? 몸을 태우면 육체가 상하는 것이 아니냐?"

"누구나 태어나서는 엄마 젖을 먹고 귀여움을 받으며 자랍니다. 건강한 청년이 되면 마음에 드는 아가씨를 얻어 아내로 맞이합니다. 아이를 낳고 키우며 즐거운 삶을 누리게 됩니다. 하지만 나이가 들면 점차 몸의 균형이 무너지면서 늙고 병들고 결국은 죽음에 이르게 됩니다. 죽었다는 것은 호흡과 의식과 체온의 균형이 깨어지는 것을 말합니다. 들숨과 날숨이 멈추는 현상입니다. 살아있는 사람들과 헤어지는 것이 죽음입니다. 하지만 죽음은 새로운 삶으로 나아가는 출발이기도 합니다."

"찬나! 그렇다면 죽음을 피할 수도 있느냐?"

"왕자님! 아무도 죽음을 피할 수는 없습니다."

찬나의 죽음 이야기를 들은 왕자는 점점 더 말이 없어지고 우울해 졌습니다.

왕궁으로 돌아온 왕자는 한동안 말이 없었습니다. 정반왕은 왕자의 기분을 풀어주기 위해 마지막 남은 북문의 나들이를 허락했습니다. 이번에는 왕자 스스로 말을 타고 북문 밖으로 나갔습니다. 잠시 말을 멈추고 시골 풍경을 바라보았습니다. 들판은 한없이 평화로웠습니다. 농부들은 여전히 쟁기를 잡고 땅을 갈고 있었습니다. 갑자기 어린 시절의 명상이 떠올랐습니다.

농부의 쟁기가 파낸 골에는 여러 마리의 지렁이들이 죽어 있었습니다. 몸이 잘린 채 꿈틀거리는 지렁이들을 바라보며 왕자는 가슴이 아팠습니다. 뒤이어 작은 새들이 달려들어 잘린 지렁이들을 채어 날아갔습니다. 그 작은 새들 뒤에는 그들을 사냥하려는 날렵한 매들이 달려들었습니다. 채찍을 맞으며 쟁기를 가는 소도 힘겨워 보였고, 땡볕에 그을린 농부도 땀과 흙으로 뒤범벅이 되어 있었습니다.

왕자는 탄식이 절로 났습니다.

"아, 정녕 살아있다는 것은 이처럼 고통의 연속이란 말인가. 지렁이와 작은 새와 소와 농부들은 다만 스스로 먹을 것을 구하고 자신의 행복과 안락과 이익을 위하여서만 존재하는 것인가! 존재한다는 것이 이처럼 서로 끝없이 죽이고 죽는 과정의 반복이란 말인가. 이것이 존재한다는 것인가?"

왕자는 고통의 고리 속에서 살아가는 생명체들에 대해 깊은 연민을 일으켰습니다. 이내 그들의 고통이 자신의 고통으로 전해 왔습니다.

왕자는 주변에 있는 느티나무 그늘 아래에 고요히 앉아 눈을 감았습니다. 지금까지 자신이 본 것들을 돌이키면서 깊은 명상에 들었습니다. 그러자 차츰 마음이 한 곳으로 모아지면서 편해졌습니다. 왕자가 눈을 뜨자마자 누더기를 입은 한 사람이 서 있었습니다. 그의 눈은 맑고 그의 얼굴은 평온했습니다. 깜짝 놀란 태자는 그가 누구인지 궁금했습니다.

"당신은 누구신지요?"

"나는 이 세상의 고통을 해결해 보려 집을 떠나 수행을 하는 사람입니다."

"수행을 통해 어떤 것을 얻었습니까?"

"그동안 나는 내 삶의 진정한 목표를 되찾았습니다."

"그것이 무엇입니까?"

"완전한 행복을 얻는 것입니다"

"행복이란 고통을 떠나야만 얻을 수 있는 것이 아닙니까?"

"그렇습니다."

말을 마친 수행자는 왕자에게 놀라움과 기쁨을 동시에 주고는 그곳을 떠나버렸습니다.

"아, 마침내 나도 삶의 진정한 목표를 찾았다. 자. 나도 집을 떠나 이 모든 고통에서 벗어나는 길을 찾을 것이다!"
왕자는 단단한 결심을 하고 말을 타고 왕궁으로 방향을 잡
았습니다. 왕은 때마침 태어난 손자를 위해 왕궁에서 축제
를 벌이도록 했습니다.

〈카필라바스투〉 붓다가 어린 시절을 보낸 곳이다.
그 때의 영화는 간곳이 없고 벽돌유적과 주변의 연못이 그 자리를 지키고 있다.

3. 성을 넘어 집을 떠나가다

삶의 본질에 대한 이해와 해결의 길

을 알게 된 왕자는 충격을 받은 채 왕궁으로 돌아왔습니다. 왕자는 곧 부왕을 만나러 갔습니다.

"아버님! 저는 더 이상 이곳에 머무를 수 없습니다."

"싯다르타! 제발 내 곁에 있어다오. 너는 아직 젊고 해야 할 일이 많이 남았단다. 수행은 좀 더 나이가 들어서도 할 수 있단다. 그리고 네 아들이 태어났다."

"네? 제 아들이 태어났습니까? 그렇지만 저는 이 길을 포기할 수 없습니다. 제가 떠나지 않기를 원하신다면 제게 늙지 않고 병들지 않고 죽지 않고 불행에 빠지지 않는 길을 알려주십시오. 이들 네 가지로부터 벗어날 수 있는 길을 알려 주신다면 저는 여기에 남겠습니다."

왕은 왕자의 말을 듣고 화가 나 큰 소리로 외쳤습니다.

"말도 안되는 얘기는 하지도 말아라."

"아버님께서 늙음과 병듦과 죽음과 불행을 벗어날 수 있는 길을 알려 주실 수 없다면 제 스스로 그것을 벗어날 수 있도록 허락해 주십시오."

왕은 화가 나서 왕자의 얘기를 듣다가 벌떡 일어나 왕성 수비대장에게 외쳤습니다.

"왕자가 왕궁을 떠나게 해서는 아니된다. 왕궁을 철통처럼 지켜서 아무도 나가지 못하게 하라!"

〈바라나시〉 갠지즈 강가의 가트

그러고는 문을 박차고 왕무실을 나갔습니다.

축제로 한바탕 즐거웠던 궁성은 밤이 되자 모두 조용해졌습니다. 성을 지키는 군사들도 모두 잠이 들었습니다. 화려하게 치장을 하며 자태를 뽐내었던 궁녀들은 아무렇게나 넘어져서 입을 벌린 채 잠들어 있었습니다. 낮에 보았던 왕성과 밤의 왕성은 완전히 달랐습니다. 싯다르타는 평소 마음 먹었던 출가를 실천할 수 있는 절호의 기회라고 생각했습니다. 며칠 전에 태어난 아들 라훌라('장애'라는 뜻)와 아내 야쇼다라에게 마지막 작별인사나마 하려고 동궁으로 갔습니다.

아름다운 야쇼다라는 깊이 잠이 들었고 귀여운 라훌라도 새근새근 잠을 자고 있었습니다. 왕자는 마음이 무척 아팠습니다. 하지만 그가 품은 뜻을 버릴 수는 없었습니다. 왕궁은 고요했고 왕궁 안의 모든 사람은 잠들어 있었습니다. 먼저 찬나를 찾았습니다. 동궁 앞 계단 아래에서 잠들어 있는 찬나를 발견하고 깨웠습니다.

"찬나! 애마 칸타카를 데려오너라." 찬나가 마굿간으로

〈부다가야〉 마하보디 대탑

붓다 성도의 자리를 기념해 세운 탑.
56m 4각 4면탑으로 굽타시대에 지금의 모습을 갖추었다고 한다.

〈부다가야〉 밤에 본 마하보디 대탑

●
붓
다

이
야
기

가서 칸타카를 데려 왔습니다. 오직 싯다르타와 찬나 그리
고 애마 칸타카만이 깨어 있었습니다. 성문이 열리며 어둠
이 성큼 다가왔습니다. 찬나와 함께 말 위에 탄 싯다르타
는 자신이 태어난 숲을 향해 말을 달렸습니다. 숲에 이르
자 말에서 내린 그는 머리를 자르고 옷을 벗어 찬나에게
주었습니다. 놀란 찬나는 눈물을 흘리며 다시 한번 생각해
보라고 간절히 호소했습니다. 하지만 왕자의 굳은 마음은
흔들림이 없었습니다.

찬나와 헤어진 싯다르타는 숲속으로 들어갔습니다. 그
곳에는 이미 깊은 수행을 한 수행자들이 있었습니다. 싯다
르타는 그들을 찾아가 수행을 했습니다. 하지만 그들의 수
행법들은 만족스럽지 않았습니다. 생노병사의 문제를 해결
할 수 없었습니다. 그래서 빔비사라왕이 다스리는 마가다
국에 지혜로운 스승들이 살고 있다는 얘기를 듣고 그곳을
찾아갔습니다.

〈부다가야〉 경전을 독송하는 티베트 스님들
불교성지 어느 곳을 가나 티베트 스님들의 모습을 볼 수 있다. 마하보디 대탑을 중심으로
울리는 티베트 스님들의 경전 독송 소리는 장엄하다.

4. 고통의 여덟 가지 범주

우리가 느끼는 고통은 여덟 가지로 나눠볼 수 있습니다. 첫째는 태어나는 고통이 있습니다. 우리는 태어나는 고통에 대해서는 기억하지 못합니다. 이 때문에 태어나는 것은 고통의 범주에 들어가지 않는 것처럼 생각합니다. 선재는 싯다르타의 출가와 수행 이야기에 빠져들어 있다가 고통의 범주에 대한 얘기를 듣고 아빠에게 물었습니다.

"아빠, 태어나는 것이 왜 고통이 되죠?"
"응. 우리가 태아였을 때 열 달 동안 어머니 배 속에서 헤엄치며 산단다. 그 상태로 엄마가 먹고 씹은 음식물을 탯줄로 받아먹으며 자라지. 엄마의 오줌보 옆에서 열 달 동안 지린내를 맡으며 살아야 한다. 그리고 엄마의 똥통

옆에서 열 달 동안 암모니아 가스를 맡으며 살아야 하기도 하지. 그리고 세상에 나올 때는 엄마의 좁은 골반 사이에서 머리가 깨어지는 고통을 느끼며 태어나게 되지 않니?."

"아, 그렇군요. 한 번도 생각해 보지 못했던 거예요."

"그럴거야. 이것은 티베트 수행자들의 수행 체험을 담은 책들에 잘 나오고 있단다."

우리는 태어나는 순간부터 죽음을 향해 살아가게 됩니다. 때문에 우리가 삶을 살아가는 것은 곧 죽음을 사는 것이기도 합니다.

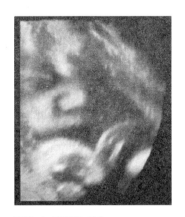
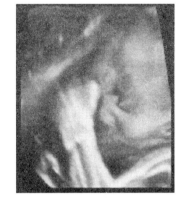

자궁 속 태아의 모습
태어나는 것 자체가 고통이며, 태어난 이후엔 죽음으로 달려가는 것이 삶의 여정.

〈샤르나트〉 차우간디 탑
붓다께서 최초 다섯 제자들을 만난 장소로 전해지는 장소에 세운 탑이다. 위의 8각탑은
무굴제국 시절 악바르에 의해 조성된 것이다.

붓다 이야기

둘째는 늙어가는 고통입니다. 팽팽하던 종아리가 탄력을 잃고 팽팽하던 가슴과 이마가 느슨해지며 늙어갑니다. 셋째는 병들어가는 고통입니다. 몸의 여러 장기들 사이의 균형이 깨지면서 병이 생겨납니다. 넷째는 죽어가는 고통입니다. 병이 들면서 숨이 가빠지다가 멈추면 의식이 희미해지고 체온이 식어가면서 죽게 됩니다. 이 같은 생노병사의 과정이 모두 고통입니다.

다섯째는 사랑하고 좋아하는 사람과 헤어지는 고통입니다. 부모와 자식, 스승과 제자, 남편과 아내, 이웃과 친지

〈부다가야〉 우루벨라의 고행지
붓다가 고행을 했던 것으로 알려진 곳이다. 삭막한 분위기는 붓다의 고행이 어떠했을지를 짐작하게 한다.

등 좋은 관계를 유지했던 사람들과 헤어지는 고통입니다.

여섯째는 아무리 구하려고 애를 써도 얻을 수 없는 고통입니다. 두드려도 열리지 않고 불러도 대답하지 않는 것처럼 우리가 세웠던 목표에 도달할 수 없는 고통입니다.

일곱째는 싫어하고 원망하는 사람과 부딪치는 고통입니다. 보기 싫은 사람이나 만나기 싫은 상황이 재현되는 고통입니다. 피하려고 애를 써도 피할 수 없는 것입니다.

여덟째는 존재하는 것 자체가 이미 고통입니다. 존재 스스로가 지닌 욕망을 다 성취할 수 없는 고통입니다.

〈라지기르〉영축산 위에서 본 옛 왕사성 터
마가다국의 수도 왕사성은 붓다 당시 코살라국의 사위성과 함께 가장 컸던 나라의 수도였다. 하지만 세월은 무상하다. 그 흔적은 간 곳이 없다.

이러한 범주 외에도 생노병사와 같은 근본적인 고통에다 걱정, 슬픔, 정신적인 스트레스, 순전하고 커다란 고통의 덩어리라는 여덟 가지로 나누는 범주도 있습니다. 선재는 다시 물었습니다.

"아빠. 순전하고 커다란 고통의 덩어리가 무슨 뜻이라고 하셨지요? 다시 한번 더 말씀해 주세요?

"응. 그래. 그것은 고통의 범주 일곱 가지를 총괄하는 것이기도 하지만 한편으로는 일곱 가지로 묶을 수 없는 고통들의 나머지를 총칭하는 것이기도 하단다."

"아. 그렇군요. 그러니까 고통의 총칭이자 나머지 덩어리이군요."

치유: 내 고통이 없어진 뒤에는 어떻게 되는가

1. 나쁜 업식을 지우다

수행자가 된 싯다르타는 동남쪽에 자리한 마가다국의 수도인 라지기르에 다다랐습니다. 왕성을 지나가는 도중에 한 신하가 싯다르타의 거룩한 모습을 보고 빔비사라 왕에게 보고했습니다.

"대왕이시여! 지금 왕성 앞에서 한 수행자를 보았습니다. 비록 누더기를 입고 걸식을 하고 있었지만 그의 얼굴은 강해보였고 걸음걸이는 위엄이 있었습니다. 여느 수행자와는 격이 달랐습니다."

"그렇다면 자네가 가서 그 수행자를 왕성으로 모셔오게나."

신하는 성문을 나가 거리에서 탁발을 하고 있는 싯다르타를 불러 왔습니다.

"수행자여! 나는 지금까지 그대와 같은 수행자를 본 적이 없습니다. 무엇이 그대를 그렇게 만들었습니까?"

"대왕이시여! 저는 일찍이 생노병사의 고통을 해결하기 위해 출가했습니다. 아직 문제를 해결하지는 못했지만 언젠가는 반드시 해결하여 많은 사람들이 고통에서 벗어날 수 있는 길을 열고자 합니다."

"수행자여! 그대와 같은 마음으로 백성을 다스린다면 나라는 강국이 될 것입니다. 이 나라를 위하여 훌륭한 왕이 되어줄 수 있겠소?"

〈바이샬리〉 원후봉밀지
원숭이가 붓다에게 꿀을 공양했다고 전하는 이 곳은 『화엄경』을 설한 대림정사 중각강당터로 추정되는 곳이기도 하다

〈쉬라바스티〉 기원정사 여래향실

왕사성 죽림정사와 함께 불교 2대 정사로 불리는 기원정사는 붓다께서 가장 오래 머무르시던 불교 최대의 승원이다. 여래향실은 붓다가 기거하던 곳이다.

"대왕이시여! 저는 한때 왕국을 다스릴 자리에 있었으나 그 길을 버렸습니다. 그 자리에 있었다면 권력이나 재력을 이어받았을지 모르지만 저는 오직 생사의 문제를 해결하기 위해서 지금 이렇게 살고 있습니다. 그 말씀을 거두어 주시지요."

견고한 믿음과 확신을 가진 싯다르타의 얘기를 들은 빔비사라왕은 곧 생각을 바꾸었습니다.

"그대의 뜻이 다 이루어지기를 빌겠소. 만일 그대가 그 문제를 해결한다면 제일 먼저 내게 그 방법을 전해주시오."

빔비사라 왕과 헤어진 싯다르타는 알라라 칼라마 선인이 살고 있는 곳에 닿았습니다. 스물아홉 명의 제자를 거느린 선인은 깊은 선정에 들어 마음의 물결을 일으키지 않도록 가르쳤습니다. 싯다르타가 짧은 기간에 그러한 상태에 도달하자 선인은 깜짝 놀랐습니다. 그래서 싯다르타에게 그곳에 머물며 자신의 제자들을 가르쳐달라고 부탁했습니다. 하지만 싯다르타에게는 선정에 들었을 때와 달리 선정에서 나왔을 때는 여전히 마음의 물결이 일어났습니다. 때문에 싯다르타는 이 수행법이 만족스럽지 못하다고 생각하고 그의 제안을 거부하고 그곳을 떠났습니다.

싯다르타는 다시 길을 떠나 깊은 수행에 도달했다고 알려진 웃다카 라마풋다라는 선인을 찾아갔습니다. 그곳에서 순식간에 생각이 없고 생각이 없는 곳도 없는 상태에 도달했습니다. 선인은 놀라며 자신의 후계자 자리를 제안했습니다. 하지만 이 수행법 역시 선정에 들었을 때와 달리 선정에서 나왔을 때는 일상의 상태와 동일하게 생사의 문제에 부딪칠 뿐이었습니다. 결국 싯다르타는 생노병사라는 고통의 원인인 나쁜 업식을 지우기 위해서는 이 선인의 수행법도 완전하지 못하다고 생각하고 그곳을 떠났습니다.

2. 육년간 고행을 하다

전통적인 명상법에 따라 깊은 선정에 들도록 지도하였던 두 스승을 뒤로 한 싯다르타는 젊은 수행자들의 무리에 합류하였습니다. 그들은 모든 고통은 바로 육체로부터 생겨난다고 생각하였습니다. 따라서 그들의 수행은 여러 가지 방법으로 육신을 힘들게 하는 고행을 행하는 것이었습니다.

6여년간 싯다르타는 젊은 수행자들과 함께 온갖 고행을 닦았습니다. 하지만 그들이 제시한 극단적인 고행의 수행법은 육신의 욕망을 인위적으로 절제하는 것일 뿐 근본적인 고통의 해결에 대해서는 어떠한 영향도 주지 못했습니다. 그래서 싯다르타는 그 길로는 생사의 문제를 해결할 수 없다는 확신이 들자 머뭇거림 없이 고행을 버렸습니다.

오랜 고행의 수행마저 뒤로 한 싯다르타는 나이란자라 강가로 천천히 나아갔습니다. 몸에는 힘이 없었지만 물 속에 머리와 몸을 담그자 조금 생기가 솟아났습니다. 가까스로 몸을 추스르며 강기슭의 언덕으로 올라와 누웠습니다. 곧 근처에 있는 니그로다 나무 밑으로 가서 가부좌를 틀고 앉았습니다.

그 때 근처 숲가의 마을에 사는 목동과 아내 수자타가 갓 태어난 아이를 기르며 살고 있었습니다. 그 날도 수자타는 아이를 준 것에 감사하기 위해 우유죽을 쑤어 마을의 가장 큰 니그로다 나무 신에게 바치러 가는 길이었습니다.

〈쿠시나가르〉 열반당

〈나란다〉스님들이 거처하던 승방 유적지

니그로다 나무 가까이 다가선 수자타는 나무 밑에 앉아 평
온한 얼굴로 빛을 뿜어내고 있는 수행자를 보았습니다.

"아, 저 분은 누구실까? 저렇게 평온한 얼굴을 하고 있
는 수행자는 본 적이 없는데…… 저 분은 니그로다 나무의
정령일까? 그러면 저 분에게 이 우유죽을 올려야지."

수자타는 싯다르타에게 다가가 정성껏 만든 우유죽을
그의 앞에 공손하게 놓았습니다. 선정에 들어있던 싯다르
타는 천천히 눈을 뜨고 수자타와 그릇에 담긴 우유죽을 보
았습니다. 그리고는 미소로서 감사를 표시하고 우유죽을

마셨습니다.

우유죽을 마시고 나자 그의 몸은 점차 기운을 회복하며 더욱 더 환하게 빛났습니다. 그때 숲속에서 그와 함께 고행을 하던 교진여 등의 다섯 수행자들은 수자타의 공양을 받아먹는 싯다르타를 보았습니다. 한참 눈을 껌뻑이던 교진여가 외쳤습니다.

"아니, 저것은 싯다르타가 아닌가?"

나머지 네 명의 수행자들도 눈을 껌뻑이며 바라보다 놀라며 말했습니다.

"음식만이 아니라 목욕까지 했구먼. 더 이상 저런 친구와 함께 있을 필요가 없겠어. 자 우리는 바라나시 근처의 샤르나트(녹야원-사슴동산)로 가서 수행을 하세나."

다섯 수행자는 싯다르타가 수행을 포기한 것으로 생각하고 심한 배신감을 느꼈습니다. 그리고 그들은 바라나시 근처의 샤르나트로 떠났습니다.

3. 보리수 아래서 부처가 되다

싯다르타는 수자타가 공양한 우유
죽을 먹고 몸의 기운을 되찾았습니다. 이제 몸을 추스르고
수행에 매진할 수 있게 되었다고 생각했습니다. 천천히 걸
음을 옮기면서 수행할 곳을 찾아보기로 했습니다. 이미 그
의 주변에 머물던 다섯 수행자가 떠나버렸습니다. 그는 새
로운 마음가짐을 갖고 다짐하였습니다.

"이제 나는 생사의 문제를 해결하리라. 만일 이 문제를
풀지 못한다면 나는 여기에서 죽을 것이다."

싯다르타는 자신의 내면과 깊은 대화를 나누었습니다.
그리고는 좀 더 북쪽으로 자리를 옮기기로 했습니다. 때마
침 아늑한 보리수 한 그루가 눈에 들어왔습니다. 두 갈래
로 가지가 벌어진 나무는 기품이 있어 보였습니다. 싯다르

〈쿠시나가르〉 사라쌍수

붓다는 이런 사라쌍수 아래에서 열반에 드셨다.

타는 그 나무 아래에 가부좌를 틀고 앉았습니다.

싯다르타는 스무 하루동안 앉아 고통이 생겨나는 과정과 고통이 사라지는 과정을 반복적으로 관찰하였습니다. 이 때 어두움의 세계를 다스리던 마왕 파피야스가 자신의 군사들에게 명을 내렸습니다.

"싯다르타가 선정에 들어 깨달음의 빛을 얻는다면 어두움의 세계는 사라지고 말 것이다. 그러니 싯다르타의 선정을 막아라."

"예. 대왕님! 그렇게 하겠습니다."

마왕의 군사들은 자신 있게 외쳤습니다.

갑자기 마왕의 딸들이 보리수로 다가와 줄을 매고 그네를 만들기 시작했습니다. 그리고는 그 중의 몇몇 여인은 악기의 가락에 맞추어 춤을 추며 싯다르타의 선정을 방해했습니다. 하지만 그들은 한 치의 움직임도 없이 진리를 얻고자 하는 굳센 맹서를 한 싯다르타를 깨뜨릴 수는 없었습니다. 싯다르타는 현재의 수행에 만족하는 마음을 일으켰을 뿐 애욕을 탐하는 마음을 일으키지 않았습니다. 그러자 갑자기 바람이 마왕의 딸들을 향해 불어 왔습니다. 오래지 않아 그녀들의 육신은 부서지며 사라져갔습니다. 결국 마왕의 딸들 모습으로 나타났던 애욕의 현상들은 흔들림이 없는 싯다르타의 몸과 마음을 두려워하면서 물러났습니다.

이렇게 되자 이제 마왕은 수십만의 군대를 동원하여 10군으로 나눈 뒤 싯다르타를 다시 공격해 왔습니다. 제1군은 애욕, 제2군은 의욕상실, 제3군은 주림과 목마름, 제4군은 갈망, 제5군은 비겁, 제6군은 공포, 제7군은 의혹, 제8군

〈쿠시나가르〉 붓다의 다비지 라마바르 탑
붓다의 열반 후 다비가 이루어진 곳을 기념해 세운 탑에서 명상중인 스님들

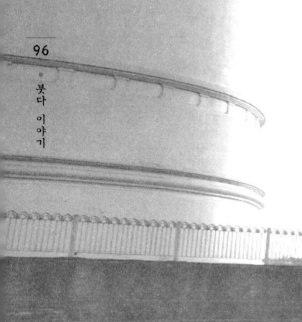

은 분노, 제9군은 슬픔, 제10군은 명예욕이었습니다. 마왕
은 각 궁수들에게 불을 당겨 불화살에 점화했습니다. 궁수
들은 싯다르타를 향해 불화살들을 쏘았습니다. 활시위를
떠난 불화살들은 허공을 가르며 하늘로 솟아올랐습니다.
불화살들이 전체 거리의 중간쯤 시점에서 모두 꽃들로 바
뀌었습니다. 싯다르타의 자비로운 마음이 분노의 불화살들
을 꽃으로 바꾸어버린 것입니다.

마지막으로 마왕은 다시 한 번 공격해 왔습니다. 수행자 싯다르타와 비슷한 또 하나의 싯다르타를 실제 싯다르타 앞에 앉혔습니다. 하지만 수행자 싯다르타는 어리석은 마음을 일으키지 않고 지혜로운 마음을 지속했습니다. 이렇게 되자 마왕의 변신이었던 싯다르타는 이내 본색을 드러내었습니다. 끝내 마왕은 어두움의 세계를 지켜내지 못하고 점차 사라져 갔습니다. 싯다르타는 무릎 위에 두었던 오른 손을 가만히 들어 땅을 가리켰습니다. 그러자 마왕이 항복하고 물러났습니다. 이윽고 싯다르타 내면 속의 탐냄이 만족으로 바뀌었고 성냄이 온화함으로 바뀌었으며 어리석음이 지혜로움으로 바뀌어갔습니다.

4. 자유로워지는 길을 전하다

싯다르타는 마지막 선정에 들었습
니다. 그리고 자신의 고통이 무엇으로부터 생기는가를 깊
이 사유하였습니다. 그러자 진리에 대한 무지인 무명[無明]
으로 말미암아 행함[行]이 생기고, 행함[行]으로 말미암아
분별[識]이 생기고, 분별[識]로 말미암아 개념과 대상[名色]
이 생기고, 개념과 대상[名色]으로 말미암아 여섯 감각기관
[六處]이 생기고, 여섯 감각기관[六處]으로 말미암아 부딪
힘[觸]이 생기고, 부딪힘[觸]으로 말미암아 느낌[受]이 생기
고, 느낌[受]으로 말미암아 애착[愛]이 생기고, 애착[愛]으
로 말미암아 취함[取]이 생기고, 취함[取]으로 말미암아 업
유[有]가 생기고, 업유[有]로 말미암아 생[生]이 생기고, 생
[生]으로 말미암아 노사[老死]가 생겨난다는 사실을 자각하

였습니다. 이같이 서로 말미암아 생겨나는 연생[緣生]의 흐름을 통해 고통이 생겨나는 과정을 확인하였습니다.

그는 다시 이것을 거꾸로 관찰했습니다. 다시 '노사'를 멸함으로 말미암아 생이 멸하고, '생'을 멸함으로 말미암아 유가 멸하고, '유'가 멸함으로 말미암아 취가 멸하고, '취'를 멸함으로 말미암아 애가 멸하고, '애'를 멸함으로 말미암아 수가 멸하고, '수'를 멸함으로 말미암아 촉이 멸하고, '촉'을 멸함으로 말미암아 육처가 멸하고, '육처'를 멸함으로 말미암아 명색이 멸하고, '명색'을 멸함으로 말미암아 식이 멸

〈바이샬리〉원후봉밀지의 사원터

하고, '식'을 멸함으로 말미암아 행이 멸하고, '행'을 멸함으로 말미암아 무명이 멸하고, '무명'을 멸함으로 말미암아 '명(明)'이 나타남을 알았습니다. 이러한 '연멸'의 흐름을 통해 고통이 소멸되는 과정을 경험하였습니다.

싯다르타는 열 두 가지 요인의 생겨남에 대한 관찰(순관)과 사라짐에 대한 관찰(역관)을 통해 고통의 수레바퀴에서 벗어날 수 있었습니다. 그리하여 그는 고행과 쾌락의 극단을 넘어서는 가장 올바른 길인 '중도'를 발견하였습니다. 이제 무명으로부터 비롯된 자신의 고통이 다 사라지고 고요한 평화가 찾아왔습니다. 그리고 기쁨이 몰아쳐 왔습니다. 자신의 일생을 더듬어 본 싯다르타는 순간 붓다로 탈바꿈하였습니다. 깊은 밤이 끝나고 막 새벽별이 뜨는 순간이었습니다. 새벽별을 본 싯다르타의 마음은 한없이 고요하고 평온하였습니다.

붓다는 한동안 평화 속에서 머물렀습니다. 그러면서도 이러한 깨달음을 이해할 수 있는 이가 있을까 생각해 보며 주저하였습니다. 이런 생각 속에 머물러 있을 때 브라흐만 하늘의 신(범천)이 나타나 권청하였습니다.

〈바이샬리〉 아쇼카 석주(石柱)

기원전 3세기 인도의 아쇼카왕은 친히 붓다의 성지를 순례한 후 석주를 세워 기념했다.
바이샬리의 아쇼카 석주는 아쇼카 석주 중 가장 완벽하게 남아 있는 석주다.

"이 세상에서 고통을 받고 있는 사람들을 모른 체 하지 말아주십시오. 그들이 고통을 벗어날 수 있는 길을 설해 주십시오."

그러나 붓다는 침묵하였습니다. 범천이 다시 권청하였습니다.

"붓다의 진리를 누가 따를 수 있겠습니까? 그리고 그렇게 치열하게 긴 수행의 길을 이겨낼 수 있는 이들이 있겠습니까? 하지만 그들 중에는 그렇게 하려는 사람들이 없지 않을 것입니다. 그들을 위하여 법을 설해 주십시오."

붓다는 또 침묵하였습니다. 범천이 다시 또 권청하였습니다.

"지금 비록 세상 사람들이 어리석어 모두 이해하지는 못할 것입니다. 하지만 그들 가운데에는 영리한 사람들도 있어 붓다의 가르침을 알아들을 수 있을 것입니다. 그러니 그들을 위하여 깨달으신 내용을 전해 주십시오."

붓다는 범천의 세 차례에 걸친 권청에 의해 마침내 자신이 깨달은 진리를 전하기로 결심하였습니다.

붓다는 먼저 누구에게 가르칠까를 생각해 보았습니다. 그중에서도 스승이었던 알라라 깔라마와 웃따까 라마풋다가 가장 먼저 떠올랐습니다. 그런데 붓다의 눈으로 살펴보자 이미 일주일 전에 한 사람은 세상을 떠났고, 한 사람은 전날 밤 세상을 떠났음을 알게 되었습니다. 누가 좋을까를 생각하던 붓다는 문득 자신과 숲속에서 함께 수행하다 자신을 떠난 교진여 등의 다섯 수행자가 떠올랐습니다. 그들을 찾아 바라나시의 샤르나트로 향했습니다.

수행자 싯다르타가 붓다가 되는 과정을 들은 선재와 선우의 표정은 매우 진지해졌습니다. 세상에는 공짜가 없다는 말이 있듯이 모든 성취는 자기와의 싸움을 이겨낸 사람만이 누릴 수 있다는 것을 터득한 표정입니다. 선우가 물었습니다.

"아빠! 정말 싯다르타가 붓다가 된 것이지요? 그러니까 붓다도 사람이지요?"

"그렇단다. 석가모니 붓다는 사람이란다. 그런데 보통 사람들과는 어딘가 다른 점이 있지. 고통이란 문제를 철저히 파고들어 해결해낸 존재라는 점에서 특히 그렇단다."

"저도 앞으로는 어떠한 문제를 끝까지 파고드는 사람이 되어야겠어요."

선재가 말했습니다. 선우도 오빠 말에 고개를 끄덕였습
니다.

"그러렴. 그러기 위해서는 평소에 늘 자기 관리와 점검
이 되어야 한단다. 나는 어떤 생각을 하고, 어떤 말을 하고

〈쿠시나가르〉 열반당과 사리탑
붓다의 열반을 기념한 열반당은 1927년 미얀마 스님들에 의해 조성되었다.
열반당 뒤편의 탑 안에는 붓다의 사리가 모셔져 있다.

있는지 또 나에게 어떤 문제가 있는지, 그것은 무엇으로
부터 생겨났는지를 면밀하게 살펴보는 습관을 가져야 한
단다.”

　선재와 선우의 마음가짐이 달라지고 있었습니다.

처방: 내 고통을 없애기 위해서는
어떻게 해야 하는가

1. 샤르나트에서 진리를 설하다

깨달음을 얻은 붓다는 바라나시의 샤르나트로 걸음을 옮겼습니다. 그곳으로 가자 다섯 명의 수행자들이 붓다를 외면하자고 약속하며 선정에 들어있었습니다. 하지만 붓다가 다가오자 그의 환히 빛나는 얼굴과 성스러운 발걸음 앞에서 저절로 일어나 합장하며 맞이하지 않을 수 없었습니다. 샤르나트의 중앙에 자리를 잡은 붓다는 다섯 수행자에 둘러싸여 진리를 설했습니다.

"수행자들이여! 세상에는 두 개의 극단이 있다. 그 어느 쪽으로도 기울어져서는 아니된다. 두 개의 극단이란 무엇인가. 첫째는 관능이 이끄는 욕망의 쾌락에 빠지는 것이다. 이것은 천하고 저속하며 어리석고 무익하다. 둘째는 자기

자신을 괴롭히는 데에 열중하는 것이다. 이것은 괴롭기만
할 뿐 천하고 무익하다. 수행자들이여! 여래는 양극단을 버
리고 중도를 깨달았다. 이 중도에 의하여 통찰과 인식을
얻었고 적멸과 깨달음과 눈뜸과 열반에 이르렀다.”

붓다가 역설한 중도의 가르침은 불교 실천의 핵심 교리
가 됩니다. 이것은 소나라는 젊은 수행자에게 중도를 설하
는 대목에서도 잘 나타납니다. 소나는 목숨을 걸고 맹렬하
게 수행을 계속했지만 아무리 해도 깨달을 수가 없었습니
다. 도리어 망상이 일어나서 그를 괴롭혔습니다. 그것을 안

〈샤르나트〉 사슴동산의 어린 사슴

〈샤르나트〉아쇼카 석주

아쇼카 왕은 붓다의 행적이 있는 성지를 참배하고 곳곳에 이를 기념하기 위해 돌기둥(석주)을 세우고 돌에 기록을 남겼다. 지금은 5개로 나뉘어 부러진 상태이지만, 이 기둥 위에는 현재 인도의 상징물로 쓰는 사자상과 법륜상이 있었다. 사자상은 현재 샤르나트 박물관에 소장되어 있다.

●
붓
다
이
야
기

붓다는 그를 찾아가 물었습니다.

"그대는 집에 있을 때 무슨 일을 했느냐?"

"붓다시여! 저는 비나를 좀 연주했습니다."

"그러면 소나여! 비나 줄을 아주 팽팽하게 조이면 어떻더냐? 켜기에 좋더냐?"

"붓다시여! 너무 팽팽하면 좋지 않습니다."

"그렇다면 비나 줄을 아주 느슨하게 하면 어떻더냐?"

"붓다시여! 그렇게 하면 연주를 할 수 없습니다."

"소나여! 너의 말대로다. 비나 줄이 너무 팽팽하거나 너무 느슨해서는 좋은 소리를 내지 못할 것이다. 도(道)의 실천도 그와 같은 것이다. 쾌락에 빠지는 일이나 고행을 일삼는 것은 모두 바른 태도가 아니다. 또 지나치게 마음을 다잡는다면 고요한 심경을 기대할 수 없고, 지나치게 긴장을 놓아버리면 나태한 심경을 드러낼 수 있다. 소나여! 그 중도(中道)를 취하도록 하여라."

이러한 가르침을 편 붓다는 두 극단을 떠나 가장 올바른 길에 설 때 바른 실천이 이루어진다고 강조했습니다. 불교 실천의 핵심이 되는 중도(中道)는 곧 바른 길을 가리킵니다. 여기에서 올바르다는 것은 언어로 표현되는 양 극단을 넘어선 자리를 말합니다. '이다'와 '아니다', '있다'와 '없다', '하나'와 '전체', '같다'와 '다르다'의 상대를 넘어서서 바라보는 자리입니다. 이러한 지평에서 중도는 실현될 수 있는 것입니다.

붓다의 가르침을 들은 선재는 '중도'라는 말을 다시 생각했습니다. 『천자문』에 나오는 '중'의 뜻이 '가운데'가 아니라 '바르다'의 뜻으로 읽는 까닭에 의문이 들었습니다.

"아빠! '중도'의 '중'을 '가운데'가 아니라 '바르다'로 이해해야 하나요?"

"그래. 『천자문』은 많은 글자를 읽고 외우게 하는 장점이 있지만 한 가지 뜻만을 가르치고 있다는 점에서 한계도 있지. 불교의 '중도'에서 '중'은 '바르다'는 뜻이다. 그러니까 중도는 '바른 길'이다. 우리들의 가장 '올바른 삶의 길'을 의미하지. 그것이 붓다의 가르침이란다."

"그러면 이제부터 '중'을 가운데로만 알아서는 안 되겠네요."

붓
다
이
야
기

"그렇지. 적어도 불교를 믿고 따르는 불제자들은 '바를 중'이라는 뜻까지 알아야 하겠지."

선재는 '중도'가 '중간 혹은 가운데 길'이 아니라 '가장 올바른 길' 또는 '가장 바른 길'임을 알고 불교에 대해 더 알고 싶어졌습니다.

2. 중도 연기의 가르침을 펼치다

석가모니 붓다는 중도의 가르침과
연기의 가르침을 통해 불교를 널리 펼치기 시작했습니다.
여기서 붓다가 강조하는 중도는 실천의 길이며 연기는 이
론의 길입니다. 붓다는 모여들기 시작하는 제자들에게 중
도의 가르침을 좀 더 자세하게 설하기 시작했습니다.

"수행자여! 모든 동물의 발자국은 모두 코끼리의 발자
국 속에 들어온다. 코끼리의 발자국은 그 크기가 동물 중
에 으뜸이다. 그와 마찬가지로 수행자여! 모든 선한 진리는
모두 네 가지 성스러운 진리인 사성제(四聖諦) 안에 거두
어진다. 그 네 가지란 고통이라는 성스러운 진리, 고통의
발생이라는 성스러운 진리, 고통의 소멸이라는 성스러운

진리, 고통의 소멸에 이르는 길이라는 성스러운 진리이다.”

　붓다는 ‘코끼리의 발자국으로 비유한 경’이라는 이름이 붙은 『상적유경』에서 자신의 수제자 사리풋타에게 위와 같이 설하고 있습니다. 인도에는 코끼리가 많습니다. 때문에 경전에서는 코끼리와 관련된 비유가 많이 설해져 있습니다. 뭍에서 가장 큰 동물인 코끼리의 발자국은 모든 동물의 발자국을 다 거두어들입니다. 마찬가지로 붓다의 여러 가르침 속에서 네 가지 성스러운 진리인 사성제는 코끼리

〈쉬라바스티〉 기원정사 여래향실에서 기도하는 스님들

의 발자국에 비유될 정도로 매우 커서 다른 가르침들은 모두 네 가지 성스러운 진리의 발자국 속으로 들어가 버립니다. 사성제는 붓다의 가르침의 핵심이 되기 때문입니다.

철학에 깊은 관심이 있었던 만동자라는 제자를 상대로 전해준 가르침도 사성제였습니다. 만동자라는 수행자는 늘 철학적인 문제를 논의하기 좋아했던 젊은이였습니다. 어느 날 그는 붓다를 찾아와 '이 세계는 시공간적으로 유한한가 무한한가, 영혼과 육체는 같은가 다른가, 여래 사후에 여래는 존재하는가 존재하지 않는가'라는 질문에 답해주지 않는다면 자신은 붓다의 곁을 떠나 집으로 돌아가겠다고 하였습니다. 붓다는 침묵했습니다. 다시 만동자는 위와 같은 질문을 던졌습니다. 붓다는 다시 침묵했습니다. 또 다시 만동자는 위와 같은 질문을 던졌습니다. 잠시 침묵했던 붓다는 입을 열어 다음과 같이 말하였습니다.

붓
다
이
야
기

"그대 만동자여! 내가 그대의 그러그러한 질문에 답해준다고 했기 때문에 그대는 나를 찾아와 출가했는가?"

"그렇지 않습니다. 붓다이시여!"

"그렇다면 이 사람아! 내가 그대의 그러그러한 질문에 답해준다고 해서 무엇이 달라지겠느냐?"

〈부다가야〉 마하보디 대탑 법당안의 붓다

〈샤르나트〉교진여 등 5비구에게 최초로 법을 설하는 모습의 초전법륜상

●
붓
다

이
야
기

그러면서 붓다는 다음과 같은 비유로 계속 얘기를 합니다.

"여기에 한 젊은 청년이 있다고 하자. 그의 가슴에 독 묻은 화살을 맞았다고 하자. 그의 가족은 빨리 훌륭한 의사를 불러 독화살을 뽑아내고 독을 없애야 된다고 서둘렀다고 하자. 그런데 이 청년은 '아직 이 독화살을 뽑지 말아 주십시오. 이 화살을 쏜 사람의 계급이 바라문인지 크샤크리야인지 바이샤인지 수드라인지 알기 전에는 화살을 뽑지 말아 주십시오. 이 화살을 쏜 방향이 동쪽인지 남쪽인지 서쪽인지 북쪽인지 알기 전에는 화살을 뽑지 말아 주십시

오. 이 화살대가 물푸레나무인지, 박달나무인지, 포플라나
무인지, 미루나무인지 알기 전에는 화살을 뽑지 말아 주십
시오. 이 화살촉이 구리인지 아연인지 동인지 철인지를 알
기 전에는 화살을 뽑지 말아 주십시오. 또 이 활이 무슨
나무들로 만들었는지, 그리고 이 활줄이 무슨 동물의 힘줄
들로 만들었는지를 알기 전에는 화살을 뽑지 말아 주십시
오'라고 한다면 이 젊은 청년은 어떻게 되겠는가? 그러므
로 만동자여! 나는 설하지 않을 것은 설하지 않고, 설할 것
만 설한다. 그러면 내가 한결같이 설할 것이 무엇인가. 그
것은 고통, 고통의 발생, 고통의 소멸, 고통의 소멸에 이르
는 길인 사성제이다. 만동자여! 왜 나는 그것들을 설하는
가? 만동자여! 그것들은 마땅히 이치에 맞고[義相應], 진리
에 맞으며[法相應], 범행의 기초가 되고[梵行本], 지혜로 나
아가며[智趣], 깨달음으로 나아가고[覺趣], 열반으로 나아가
는[涅槃趣] 길이기 때문이다. 그러기에 설했음을 알아야 할
것이다."

붓다는 한결같이 설하는 가르침을 '네 가지 성스러운
진리'인 사성제라고 역설했습니다. 이것은 나의 고통이 어
떻게 생겨났으며, 어떻게 소멸시킬 수 있는지를 보여주는

지름길입니다. 이 사성제는 중도의 다른 가르침이자 모든 가르침을 아우르는 진리이기도 합니다. 이것은 이후 전개되는 붓다의 모든 가르침의 기반이 되기도 합니다. 그리고 중도의 구체적인 실천법이 바로 여덟 가지 바른 길인 팔정도입니다.

"수행자들이여! 이것이 고통이라는 성스러운 진리이다. 마땅히 들어라. 태어남은 고통이다. 늙음은 고통이다. 병듦은 고통이다. 죽음은 고통이다. 시름, 근심, 슬픔, 불행, 번민은 고통이다. 미워하는 사람을 만나는 것은 고통이다. 사랑하는 사람과 헤어지는 것은 고통이다. 원하는 것을 얻지 못함은 고통이다. 통틀어 말한다면 이 인생의 모습은 고통 아닌 것이 없느니라."

"수행자들이여! 이것이 고통 발생이라는 성스러운 진리이다. 마땅히 들어라. 후유(과보)를 일어나게 하고, 기쁨과 탐심을 수반하며, 모든 것에 집착하는 갈애가 그것이다. 그것에는 욕애(탐욕)와 유애(개체 유지 욕망)와 무유애(존재를 포기하려는 욕망)가 있느니라."

"수행자들이여! 이것이 고통의 사라짐의 성제이다. 마땅히 들어라. 이 갈애를 남김 없이 멸하고, 버리고, 떠나고, 벗어나 아무 집착도 없게 되기에 이르는 것이 그것이니라."

　"수행자들이여! 고통의 소멸에 이르는 길이라는 성스러운 진리이다. 마땅히 들어라. 성스러운 여덟 가지의 도가 그것이니 바른 견해, 바른 사유, 바른 언어, 바른 행위, 바른 직업, 바른 노력, 바른 집중, 바른 삼매이니라."

〈샤르나트〉 물간다 꾸티

샤르나트 사원지에는 '물간다 꾸티'라고 불리는 곳이 있다. 이 곳에서 붓다께서 머무르셨다고 해서 붙여진 이름이다. '향기로운 오두막' 집이라는 뜻이 담겨있다.

〈샤르나트〉 붓다의 초전법륜을 기념해 세운 다메크 탑과 주변 유적지

이와 같이 붓다는 네 가지 성스러운 진리를 설했습니다. 사성제는 붓다 자신이 궁극적으로 하고 싶었던 얘기이며 그것은 곧 여덟 가지 바른 길인 팔정도 혹은 팔중도로 마무리 됩니다. 붓다는 바로 이것이 우리의 고통을 소멸하는 지름길임을 가르쳐 주었습니다. 보리수 아래에서 발견한 연기의 가르침은 바로 이러한 중도의 실천행으로 이어지는 것입니다.

붓다는 중도 실천의 근거를 원인과 조건에 의한 결과의

가르침인 연기설로 설명하고 있습니다. 이것은 흔히 다음과 같은 연기의 공식으로 설명됩니다. 이 공식은 인연에 의해 생겨나는 '연생의 법'과 인연에 의하여 사라지는 '연멸의 법'을 함께 설하고 있습니다.

"이것이 있음으로 말미암아 저것이 있고, 이것이 생기므로 말미암아 저것이 있게 된다. 이것이 없음으로 말미암아 저것이 없고, 이것이 멸함으로 말미암아 저것이 멸한다."

"수행자들이여! 연기란 무엇인가? 수행자들이여! 생이 있는 것으로 말미암아 노사가 있느니라. 이 사실은 내가 세상에 나오든 안 나오든 법으로서 확정되어 있는 바이다. 그것은 서로 의지해서 존재하는 성질인 상의성이다. 나는 이것을 깨닫고 이를 이해하였다. 이를 깨닫고 이를 이해하였기에 이를 가르치고, 선포하고, 설명하고, 나타내고, 분별하고, 명백히 하여 '너희는 마땅히 보라'고 말하는 것이니라."

붓다는 자신이 세상에 오던 오지 않던 이 '연기법'은 이미 있던 것이라고 밝힙니다. 그리고 그 자신은 단지 연기를 발견한 사람이라고 고백합니다. 그러면서도 다른 경전

〈부다가야〉 붓다의 성불을 기념해 세운 마하보디 대탑

에서는 이렇게 말합니다. "연기를 보는 자는 나를 보고 나를 보는 자는 진리를 본다"고 말입니다.

나아가서는 이렇게까지 말합니다. "이 연기의 바다는 참으로 깊다. 감히 함부로 들어오지 못한다." 이 바다에 들어와서 연기법대로 살지 않으면 자맥질하다 빠져 죽기 때문입니다. 머리로 연기법을 아는 것이 아니라 가슴을 넘어 온몸으로 살지 않으면 빠져 죽는다는 것입니다.

연기법대로 산다는 것은 머리와 가슴을 넘어 온몸으로 산다는 것을 의미합니다. 오늘의 나의 성취가 있기까지 도움과 협동을 아끼지 않았던 무수한 존재들의 목숨을 건지기 위해 기꺼이 자신의 목숨을 던질 수 있어야 하기 때문입니다. 연기를 이해하지 못하는 붓다의 제자 코티카에게 사리풋타가 갈대의 비유를 들어 설명합니다.

"친구여! 이를테면 여기에 갈대 단이 있다고 하자. 그 갈대 단은 서로 의지하고 있을 때는 서 있을 수가 있다. 그것과 같이 이것이 있음으로써 그것이 있는 것이며, 그것이 있기 때문에 이것이 있는 것이다. 그러나 만일 두 단의 갈대에서 어느 하나를 치운다면 다른 갈대 단도 역시 넘어져야 할 것이다. 그것과 마찬가지로 이것이 없으면 그것도 없는 것이며, 그것이 없고 보면 이것 또한 있지 못하는 것이다."

붓다는 연기를 '상의성'이라고 했습니다. 이것은 '조건에 의한 발생'이자 '관계성'을 말합니다. 과거의 불교인들은 이것을 '인과성'이라고 했습니다. 그러니까 '존재'에 대한 설명을 '관계'에 대한 설명으로 풀이한 것입니다. 모든 존재는 변화 속에서만 존재하는 것이기 때문입니다.

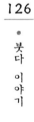

〈샤르나트〉 붓다가 최초로 법을 전한 것을 기념해 세운 다메크 탑

여기까지 붓다의 가르침을 들었던 선재는 점점 진지해졌습니다. 말이 적어지고 불교의 깊은 사유에 대해 빠져들어갔습니다. 고통으로부터 시작한 불교가 고통의 해결을 위해 중도와 연기의 가르침을 제시하고 있다는 것을 어렴풋이나마 알게 된 것 같았습니다. 아빠와 엄마는 인도 가족 여행이 나름대로 성과가 있었다고 생각하고 미소를 지었습니다. 하지만 선우는 아직 잘 이해가 되지 않는 듯 머리를 갸우뚱하며 생각에 잠기곤 했습니다.

3. 사라쌍수 아래서 열반에 들다

붓다는 마흔 다섯 해 동안 맨발로 거닐며 무수한 사람들에게 중도 연기의 가르침을 전했습니다. 그런 붓다도 이제 나이가 여든 살이 되었습니다. 자신을 이십 오년간 모신 아난다에게 이렇게 말했습니다.

"아난다야! 나는 이제 노쇠해졌다. 이미 여든 살이 되었다. 비유하자면 낡아 빠진 수레가 간신히 움직이고 있는 것처럼 내 몸도 겨우 겨우 움직이고 있다. 모든 형체 있는 것을 생각함이 없이 어떤 종류의 감각을 멈추고 형체가 없는 정신통일의 명상에 들어갈 때에 내 몸은 비로소 평안할 것이다. 아난다야! 그러므로 자기 자신을 등불(섬)로 삼고 자기 자신을 의지처로 삼아라. 다른 사람에게 의지해서는 아니된다. 진리(법)를 등불(섬)로 삼고 진리를 의지처로 삼아라. 다른 것에 의지해서는 아니된다." 이렇게 말한 붓다는 다시 다음과 같은 말로 마지막 가르침을 끝맺었습니다.

"아난다야! 현재에도 내가 입멸한 뒤에도 자기 자신을 등불로 삼고 의지처로 하여 남에게 의지하지 말아라. 진리를 등불로 삼고 의지처로 하여 다른 것에 의지하지 않고 살아가는 그런 사람만이 수행에 열성이 있는 수행승으로서 가장 내 뜻에 맞는 사람이다."

붓다는 마지막까지 아난다에게 큰 강이나 바다에서 표류할 때에 의지할 수 있는 '섬'을 찾으라고 강조했습니다. 그는 몸과 감각과 마음과 여러 가지 존재에 대해서 바르게 관찰하고 열심히 수행하며 정신을 통일하여 집착과 증오를 누르는 것이 무엇보다도 주요한 의지처임을 강조하였습니다. 자기를 의지처로 삼고 진리를 의지처로 삼되 다른 것에 의지해서는 안된다고 역설하였습니다.

그런 뒤에 붓다는 아난다에게 다음과 같이 말했습니다.
"여래와 같은 모든 신통력에 통달한 사람은 만일 자신

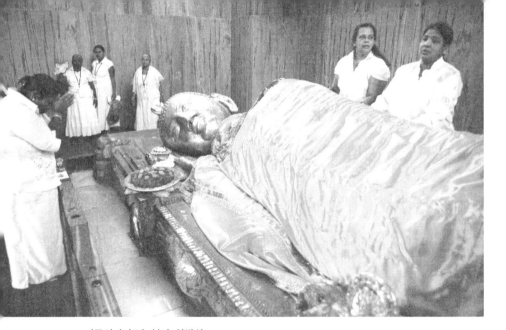

〈쿠시나가르〉 붓다 열반상
쿠시나가르 열반당 안에는 기원후 5세기경에 조성된 길이 6m 정도의 열반상이 있다.

이 희망한다면 얼마든지 이 세상에 머물 수가 있다."

하지만 아난다는 마음이 마구니에 사로잡혀 있었기 때
문에 이 기회를 잡아 언제까지든지 붓다가 세상을 위해서
그리고 사람들을 위해서 머물러 주도록 청원하지 못했습니
다. 붓다는 세 차례나 같은 말을 했는데도 아난다는 세 차
례나 모두 잠자코 있었습니다. 붓다는 아난다를 물러가게
한 뒤에 홀로 앉았습니다. 그 때 마왕 파피야스만이 붓다
에게 입멸을 권했습니다. 붓다는 이미 시기가 온 것을 알

고 앞으로 세 달 뒤에 입멸할 것을 마왕 파피야스에게 약속했습니다. 붓다는 차팔라 사당에 머무르는 동안 정신을 통일한 삼매 중에서 생명력을 포기했습니다. 그와 동시에 큰 지진이 일어났습니다. 아난은 그제서야 지진이 일어나는 이유를 물었습니다. 지진이 일어나는 원인에 대한 붓다의 말이 끝나자 아난은 깜짝 놀라 외쳤습니다. "오래 이 세상에 머물러 주십시오." 하지만 때는 이미 너무 늦어 어쩔 도리가 없게 되었습니다.

마지막 유행의 길을 떠난 붓다는 아난다 등의 제자들과

〈쿠시나가르〉 붓다 열반상의 두발에 기도하는 불자

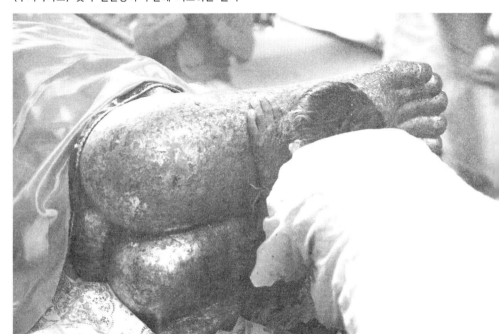

함께 파바의 서울로 가서 그곳 교외의 과수원에 머물렀습니다. 과수원의 주인이자 금속 세공인인 춘다는 붓다가 오셨다는 이야기를 듣고 붓다에게 인사를 드렸습니다. 설법을 다 듣고 기뻐서 이튿날 식사에 초대했습니다. 춘다는 보통 음식 이외에 '전단나무 버섯'(수카라 맛다바)으로 쑤어 만든 죽을 붓다에게 공양했습니다. 붓다는 거기에서 돌아오는 도중 다시 등에 아픔을 느껴 자리를 깔게 하여 앉았습니다. 붓다는 다음과 같이 말하였다.

"춘다야! 남은 수카라 맛다바는 땅을 파서 묻어버리는 것이 좋겠다. 하늘과 마군과 범천 그밖에 온갖 생물 중에서 이것을 먹고 바로 소화시킬 수 있는 자는 여래 이외에는 아무도 없다."

그러면서도 붓다는 아난다에게 다음과 같이 말했다.

"오늘 아침 금세공인 춘다 집에서 공양을 한 것이 마지막이 되었으니, 오늘 밤 입멸하는 데 대해 춘다가 슬퍼하는 일이 없도록 하라."

붓다는 아난다에게 다음과 같이 말하였습니다. "부처님에게 마지막 공양을 올린 것은 커다란 공덕이 되는 것이지 결코 후회할 일이 아니다."

그런 뒤에 붓다는 쿠시나가르 말라족의 사라나무 숲속

으로 향했습니다. 많은 비구들이 그 뒤를 따라갔습니다. 그곳에 이르자 붓다는 아난다를 시켜 두 그루의 사라나무 사이에 북쪽으로 베개를 놓고 자리를 마련하도록 했습니다. 붓다는 오른쪽 옆구리를 바닥에 대고 다리를 가지런히 하며 모로 누웠습니다. 그리고 나서 이렇게 말했습니다.

"아난다야! 너희들 출가 수행승은 붓다의 장례 같은 일에 상관하지 말아라. 너희들은 진리를 위해 게으름이 없이 정진하여라. 아난다야! 붓다의 장례에 대해서는 독실한 재가신자들이 치를 것이다."

〈쿠시나가르〉열반당 주변의 유적지

4. 해탈에 이르는 여덟 가지 바른 길

석가모니 붓다의 해탈의 현장을 몸

소 보기 위해 인도 여행을 떠난 우리 가족은 이제 우리 나
라로 돌아올 때가 되었습니다. 길지 않은 시간이었지만 기
행하는 동안 되짚어 보았던, 수행자인 싯다르타가 승리자
인 부처가 되는 과정은 한편의 드라마 보다 더 박진감이
있었습니다. 무엇보다도 선재는 붓다의 이야기를 듣고 몸
과 마음이 숙연해졌습니다. 선우 역시 붓다의 삶과 생각을
들으면서 무척 어른스런 표정과 태도로 바뀌어 가고 있었습
니다.

"아빠! 붓다는 사람이예요? 신이예요?"

"사람이란다. 그는 분명히 역사적으로 살았던 싯다르타

란다. 그는 생사의 고통으로부터 자유로워지기 위해 출가를 했던 것이다. 그 결과 그는 승리자인 붓다가 된 것이란다.”

“그러면 붓다는 다시 태어나지 않는 건가요?”

“응. 불교 교리에서 보면 태어나지 않는 것이 당연하지. 하지만 우리들에 대한 자비심 때문에 새롭게 태어난단다. 생사의 문제를 완전히 넘어섰기 때문에 생사를 자유자재로 선택할 수 있는 거란다. 초등학교를 졸업한 대학생이 마음대로 초등학교에 갈 수 있는 것처럼 말이다.”

〈쿠시나가르〉 열반당 안의 붓다

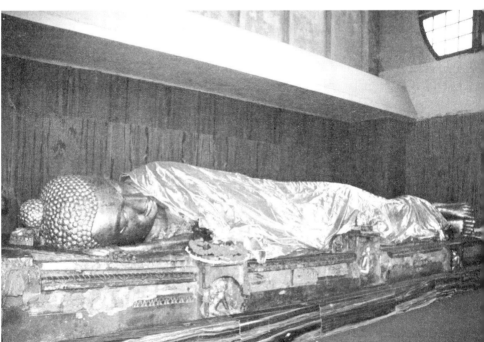

"와, 그러면 붓다는 태어나고 죽는 것을 자기 마음대로 결정할 수 있나요?"

"그럼. 붓다는 세상의 어려움이 있는 곳은 어디든지 나타나 기꺼이 함께 그 어려움을 풀어주리라고 서원을 세웠기 때문이지."

"아빠! 붓다가 그렇다면, 우리는 어떻게 태어나게 되었을까요?"

"응, 좋은 물음이다. 일반적으로는 아빠, 엄마가 만나서 우리가 태어나게 되었다고 설명하지 않니? 그런데, 불교에서는 조금 다르단다. 예전에 아빠가 불교에서는 부모가 나를 낳았다기 보다는 내가 부모를 선택하였다는 점을 강조한다고 말한 것을 기억하니?"

"예. 생각나요. 엄마, 아빠가 될 수 있는 많은 후보들 가운데 나의 자유의지로 현재의 엄마, 아빠를 선택한 것이라고요."

"우리 선우가 기억력이 뛰어나구나. 그것을 다 기억해 내고 말이다."

"제가 좀 기억력이 좋긴 하죠!"

우리 가족들은 선우의 이야기를 듣고 모두 큰소리로 웃었습니다.

"애들아! 그러면 석가모니 붓다는 해탈을 하기 위해서 무엇을 어떻게 해야 한다고 가르치셨을까? 지금까지의 인도 여행과 붓다의 삶과 생각을 통해서 한번 말해 보렴."

"여덟 가지 바른 길을 닦는 것이 아닌가요? 그것이 해탈하는 지름길 아닌가요?" 선재가 의젓하게 말했습니다.

"그럼 선우는?"

"석가모니 붓다가 강조한 것과 이 여행에서 아빠가 강조한 것이 해탈이잖아요? 고통에서 벗어나 해탈하는 길은 바른 견해, 바른 생각, 바른 언어, 바른 행위, 바른 직업,

〈라지기르〉 영축산 붓다 설법지
영산회상이 이루어진 이곳은 붓다가 설법을 한 곳으로 알려져 있다. 이 곳에서 붓다는 대승 불교의 꽃이라고 불리는 『법화경』 등 많은 경전을 설했다.

바른 노력, 바른 집중, 바른 선정이라고 생각해요."

"그렇지. 우리가 인도에 여행 온 효과가 톡톡히 나타나는구나."

"이번 여행은 여러 가지로 의미가 있었구나. 시간이 많이 없겠지만 방학이면 종종 이렇게 주제 여행을 함께 하자구나. 이런 여행이 있어야 삶이 넓어지고 생각이 깊어지는 게다."

"당신이 아이들을 위해 시간을 만들어주면 우리는 언제라도 오케이예요." 엄마가 거들었습니다.

"저희들도 이런 여행이라면 빠지고 싶지 않아요."

우리 가족은 구시나가라를 떠나 뉴델리 공항을 향해 택시를 탔습니다. 석가모니의 나라인 인도에서 우리는 불교의 뿌리를 새롭게 보았습니다. 해탈은 인도에서만 이루어지는 것이 아니었습니다. 우리의 현실에서도 좀 더 자유로워지기 위한 노력이 있다면 해탈의 싹이 틀 수 있다는 사실을 알게 되었습니다.

❀ 저자 프로필

● 고영섭

　　동국대학교 불교학과와 같은 학교 대학원 불교학과 석·박사 과정을 졸업하고 고려대학교 대학원 철학과 박사과정을 수료한 뒤 동국대, 서울대, 서울대학원, 강원대, 한림대, 서울시립대 등에서 동양철학과 한국역사를 강의하였다. 저서로는 『한국불학사』 1, 2, 3, 4, 『한국불교사』, 『원효, 한국사상의 새벽』, 『원효탐색』, 『한국의 사상가 10인: 원효』, 『한국철학자 15인 이후: 원효이후』, 『문아(원측)대사』, 『불교경전의 수사학적 표현』, 『새천년에 부르는 석굴암 관세음』, 『연기와 자비의 생태학』, 『우리 불학의 길』, 『불교란 무엇인가』, 『우리 고향 중의 고향이여』, 『불교생태학』, 『불교와 생명』, 『불교적 인간』, 『인문적 인간』, 『거사와 부인이 함께 읽는 불경이야기』 등 다수가 있다. 1998~1999년 월간 『문학과 창작』 2회 추천 완료(신인상)하였으며 시집으로는 『몸이라는 화두』, 『흐르는 물의 선정』, 『황금똥에 대한 삼매』가 있다. 인문학 계간지 『문학 사학 철학』 편집주간을 맡고 있으며 고려대학교 민족문화연구원 연구교수를 거쳐 동국대학교 불교학과 교수로 재직하고 있다.

붓다 이야기

초판 1쇄 인쇄 2010년 7월 5일
초판 1쇄 발행 2010년 7월 15일

지은이 | 고영섭
펴낸이 | 하운근
펴낸곳 | 學古房

주   소 | 서울시 은평구 대조동 213-5 우편번호 122-843
전   화 | (02)353-9907 편집부(02)356-9903
팩   스 | (02)386-8308
전자우편 | hakgobang@chol.com
등록번호 | 제311-1994-000001호

ISBN 978-89-6071-168-6 03220

값 : 10,000원

※파본은 교환해 드립니다.